彩图 1　波尔山羊　　　　　　　　　　彩图 2　大尾寒羊

彩图 3　杜泊羊　　　　　　彩图 4　黑萨福克羊　　　　　　彩图 5　湖羊

彩图 6　黄淮山羊　　　　　　　　　　彩图 7　济宁青山羊

彩图 8　南江黄羊

彩图 9　萨福克羊

彩图 10　无角陶赛特羊

彩图 11　小尾寒羊

彩图 12　中卫山羊

彩图 13　黑山羊被蜱虫叮咬的情况

彩图 14　羊肝片吸虫病变肝脏图（江苏农牧科技职业学院的魏冬霞供图）

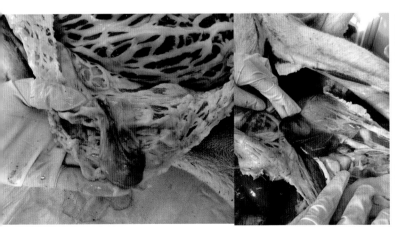

彩图 15　羊棘球蚴病

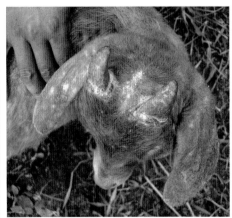

彩图 16　羊疥螨病

彩图 17　羊口疮

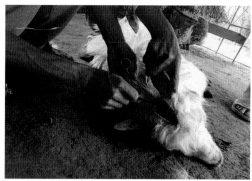
彩图 18　羊脑包虫病

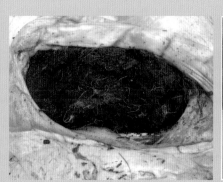
彩图 19　羊捻转血矛线虫

彩图 20　羊球虫病

彩图 21　羊胎衣不下

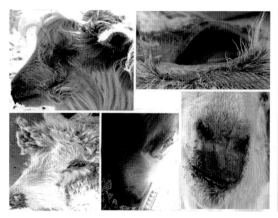
彩图 22　羊小反刍兽疫症状图片

彩图 23　羊痒螨病

河南省科学技术协会资助出版·中原科普书系

河南省"四优四化"科技支撑行动计划丛书

优质肉羊标准化生产技术

张子敬　黄永震　王二耀　主编

中原农民出版社

·郑州·

本书编委会

主　编　张子敬　黄永震　王二耀
副主编　吕世杰　于　翔　王献伟　李　峥
编　委　徐照学　郎利敏　辛晓玲　徐　彬　刘　贤　李志明
　　　　杨　尚　柴亚楠　贺　花　王培育　张　伟　陈付英
　　　　朱肖亭　魏成斌　冯亚杰　施巧婷　曾　滔

图书在版编目（CIP）数据

优质肉羊标准化生产技术 / 张子敬，黄永震，王二耀主编. —郑州：
中原农民出版社，2022.5
　ISBN 978-7-5542-2570-7

　Ⅰ.①优… Ⅱ.①张… ②黄… ③王… Ⅲ.①肉用羊-饲养
管理-标准化 Ⅳ.①S826.9-65

中国版本图书馆CIP数据核字（2022）第024569号

优质肉羊标准化生产技术
YOUZHI ROUYANG BIAOZHUNHUA SHENGCHAN JISHU

出 版 人：刘宏伟
策划编辑：段敬杰
责任编辑：苏国栋
责任校对：韩文利
责任印制：孙　瑞
装帧设计：杨　柳

出版发行：中原农民出版社
　　　　　地址：郑州市郑东新区祥盛街 27 号　　邮编：450016
　　　　　电话：0371-65713859（发行部）　0371-65788652（天下农书第一编辑部）
经　　销：全国新华书店
印　　刷：河南新华印刷集团有限公司
开　　本：787mm×1092mm　1/16
印　　张：9.5
插　　页：4
字　　数：164 千字
版　　次：2022 年 5 月第 1 版
印　　次：2022 年 5 月第 1 次印刷
定　　价：39.00 元

如发现印装质量问题，影响阅读，请与印刷公司联系调换。

目录

一、概述

（一）肉羊标准化生产的概念及意义

1. 概念 肉羊标准化生产就是在场址布局、栏舍建设、生产设施配备、良种选择、投入品使用、卫生防疫、粪污处理等方面，严格执行法律法规和相关标准的规定，并按程序组织生产肉羊的过程。肉羊标准化生产，就是要达到"六化"，即良种化、养殖设施化、生产规范化、防疫制度化、粪污处理无害化和监管常态化。

2. 意义 肉羊标准化生产有利于增强肉羊产业的综合能力，增加羊肉的数量供给；有利于提高生产效率和生产水平，增加农牧民的收入；有利于从源头对羊肉及其产品质量安全进行控制，提升其质量安全水平；有利于有效提升肉羊疫病防控能力，降低疫病风险，确保人畜安全；有利于加快牧区生产方式转变，维护国家生态安全；有利于肉羊粪污的集中有效处理和资源化利用，实现肉羊产业与环境的协调发展。

肉羊标准化生产，有助于推进肉羊产业的现代化水平，提高良种化率、饲草料利用率、生产生活环境和疫病防控水平。

（二）我国肉羊产业现状与发展趋势

1. 我国肉羊产业现状

1）规模化程度低、发展缓慢，制约了肉羊产业转型升级　根据《中国畜牧业年鉴》统计数据，2003 ~ 2016 年，100 只以上肉羊场数量占全国羊场总数的比例仅从 0.6% 增长到 3.16%，可见散户和小规模户仍是我国肉羊产业的养殖主体，重大疫病防治、畜禽良种、标准化生产等技术推广难度较大，不利于我国肉羊产业提质增效和绿色发展。

我国肉羊产业规模化发展进程缓慢的原因：农村丰富的农副产品资源降低了散养户或小规模养殖户的草料成本；农村闲置房屋也可作为羊舍，降低羊舍投入；以往废弃物处理监管不严，通常进行简单防疫即可，饲养管理要求低；散养户或小规模养殖户销售不难；单只羊的成本相对较低，养殖周期较短，在高羊价下回报率较高；散养户或小规模养殖户缺乏扩大养殖规模的资金和技术以及高市场风险，降低了其扩大规模的积极性。

2）肉羊生产技术推广机制不完善，制约了肉羊产业现代化发展 肉羊生产技术包括良种繁育技术、经营管理技术、羊舍建设技术以及饲草料合理搭配投放技术等。

（1）良种繁育技术 肉羊良种是影响生产效率的关键因素，我国目前有近3亿只肉羊的存栏量，但同质化较严重，我国丰富的良种资源优势未能得到有效发挥。虽然很多省（区）投入了大量成本从国外引种，希望通过引种杂交改良肉羊地方品种的生产性能，但国内缺乏统一的肉羊良种生产性能测定、种质评价和质量认证的权威机构，市场内种羊品质参差不齐。

（2）经营管理技术 近年来各地肉羊"炒种"现象普遍，但养殖场（户）因缺乏配套的饲养管理技术，经济效益较差；我国肉羊产业规模化程度低，现代化养羊技术的推广难度大。

（3）羊舍建设技术 羊舍的科学化水平和标准化程度是影响生产效益的重要因素，很多养殖户或合作社缺乏建设标准化羊舍的经验，虽然投入了大量资金，但羊舍标准化、科学化程度并不高。

（4）饲草料合理搭配投放技术 随着舍饲养殖模式的推广，饲草料成本在养殖总成本中的占比不断提高。很多养羊场（户）缺乏相关科学饲养管理技术，仅凭自身经验搭配和投放饲草料，有时甚至会为了节省成本偷工减料，肉羊的营养需求很难得到保障。

3）羊肉产品品质还需继续提高，市场供求矛盾亟须解决 羊肉消费中，消费者与生产者之间存在严重的信息不对称，消费者承担较高的风险。为确保品质，消费者更愿意购买品牌产品，但由于品牌羊肉售价较高，仍有部分消费者只能"退而求其次"。部分羊肉商贩的销售环境不合格，感染病菌的风险很高，消费者对质量安全有保障羊肉产品的需求无法得到满足。

2. 我国肉羊产业发展趋势

1）规模化发展将加速，散户和小规模户将面临更大风险

☞ 相对散养户，规模养羊户获取信息能力较强，生产效率也较高，因此抵御风险能力相对较强。根据《中国畜牧业年鉴》统计数据，2014 ~ 2016 年，100 只以下肉羊场数量快速减少，环比降速保持在 4% 以上；未来我国肉羊产业规模化生产将保持强势发展，并且供求均衡周期缩短后，散养户或小规模养殖户面临的市场波动风险将进一步增大。

☞ 随着我国居民收入水平和支付能力提高，消费者对食品的品质要求日益提高，羊肉产品市场的品质分级将不断细化，散养户或小规模养殖户在市场的品质竞争中获利空间逐渐缩小。

☞ 国家对规模养殖的扶持力度不断增大。规模养殖户除畜牧良种补贴外，还可拿到规模养殖补贴，以及针对肉羊养殖大县的专门奖励政策。有的地区对带动农民发展的标准化示范养殖基地也会有一定的扶持资金，进一步增强了规模养殖户的竞争优势。

☞ 在环保政策约束下，环保、检疫验收不达标散养户或小规模养殖户将被淘汰，一定程度上将推动我国肉羊产业规模化发展，也有利于提高产品质量安全水平。

2）冷链物流技术发展迅速，将推动销售模式创新升级 "冷冻羊肉"与"冷鲜羊肉"的口感和营养差异较大，国内冷链技术迅速发展，提升了国内生鲜羊肉产品的运输能力，降低了运输成本，国内生鲜羊肉产品的竞争优势凸显。超市羊肉产品专柜、社区专卖店等迅速发展，其销售环境日益优化，线下生鲜产品销售渠道逐渐优化。同时，"80 后""90 后"群体已逐渐成为消费主体，羊肉电商能够为消费者提供便捷的购买服务和愉悦的购物体验，可以满足年轻一代消费者对羊肉的需求，推进羊肉消费的升级。

二、肉羊的生物学特性

（一）肉羊的生活习性

1. 绵羊的生活习性

1）**合群性强，饲料利用范围广** 绵羊的合群性比其他家畜强，但其群居性有品种间差异，地方品种比培育品种的合群性强，毛用品种比肉用品种的合群性强。绵羊的饲料利用范围广，牧草、灌木等均可作为绵羊的饲料。

2）**适应性强** 绵羊能忍受自然环境和营养状况的剧烈变化而生存。当夏秋季牧草繁茂、营养丰富时，它能在较短时间内迅速增膘，积蓄大量的脂肪；当冬春枯草季节营养缺乏时，它能将脂肪重新转化为糖源，供机体维持和繁殖生产之用。

3）**性情温驯，喜干厌湿** 绵羊性情温驯、胆小怯懦，突然的惊吓容易发生"炸群"而四处乱跑、乱挤，所以圈门不能太小，以免撞伤。绵羊宜在干燥通风的地方采食和卧息，湿热、湿冷的圈舍对绵羊生长发育不利。所以，应遮阴，防止暴晒。在夏季炎热天气放牧，常常发生绵羊低头拥挤、呼吸急喘、驱赶不散"扎窝子"现象，细毛羊更为明显。高温高湿的环境尤其不利于绵羊生存，容易感染多种疾病，生殖能力明显下降。

4）**母子相认** 绵羊的母子即使在大群的情况下也可以准确相识，其中嗅觉起主要作用，听觉也起到一定的辅助作用。绵羊具有趾腺、眶下腺和腹股沟腺，是其与其他羊属动物区别的特征之一。腹股沟腺的分泌物也是羔羊识别母亲的主要依据。

5）**其他生活习性** 在舍饲绵羊时，要设置足够的运动场。另外，绵羊还有黎明或早晨交配的习性。研究表明，在繁殖季节，绵羊在中午、傍晚和夜间很少活动，

6:30~7:30 交配比例最高，下午和黄昏时次之。因此，在采用人工授精时，为获得较好的受胎率，输精时间最好选择在早晨。

2.山羊的生活习性

1）**活泼好动，喜欢登高** 山羊生性好动，除卧息反刍外，大部分时间处于走走停停的运动之中。羔羊的好动性表现得尤为突出，经常有前肢腾空、身体站立、跳跃嬉戏的动作。山羊有很强的登高和跳跃能力，根据山羊的这一习性，舍饲山羊时应设置宽敞的运动场，圈舍和运动场的墙要有足够的高度。

2）**适应性强，采食性广** 和其他家畜相比，山羊对生态的适应能力较强，无论高原或平原、热带或寒带、沿海或内陆均有山羊分布，山羊在地球上的分布之广，远超过其他食草家畜。我国的福建、广东、广西及海南等热带、亚热带地区没有绵羊，但却饲养着一定数量的山羊。山羊对水的利用率高，使它能够忍受缺水和高温环境。山羊的觅食能力极强，能够利用大家畜和绵羊不能利用的牧草，常见的各种牧草、作物秸秆及许多灌木均可采食，其采食植物的种类远多于其他家畜。

3）**喜欢干燥，厌恶潮湿** 山羊同绵羊一样喜欢干燥，适宜在干燥凉爽的地区生活，在炎热潮湿的环境下山羊易感染多种疾病，特别是肺炎和寄生虫病，但山羊对高温、高湿环境适应性明显高于绵羊，在我国南方夏季高温、高湿的气候条件下，山羊仍能正常生活和繁殖。

4）**合群性好，喜好清洁** 山羊的合群性也较强，无论是放牧还是舍饲，一个群体的成员总喜好在一起活动，其中年龄大、后代多、身体强壮的山羊，常担任"头羊"的领导角色，带领全群统一行动。除繁殖季节公羊之间偶有因争夺配偶发生争斗外，一般一群羊各个成员之间都可以和睦相处。

山羊同绵羊一样，喜好清洁，采食前先用鼻子嗅，凡是有异味，污染，有粪便或腐败的饲料，或已遭践踏过的牧草都不爱吃。山羊喜好清洁的饮水。在舍饲山羊时，饲草要放在草架上，以减少饲草的浪费，饮水要保持清洁，经常更换。

5）**性成熟早，繁殖力强** 山羊的繁殖力强，主要表现为性成熟早、多胎和多产。山羊一般在 5~6 月龄达到性成熟，6~8 月龄即可初配，大多数品种的山羊每胎可产羔 2~3 只，平均产羔率超过 200%。

6）**胆大灵巧，容易调教** 山羊胆大、神经敏锐，易于领会人的意图，在草原上放牧羊群时，牧羊人挑选去势山羊加以训练，作为"头羊"。

3.其他习性

1）离群后自动归群 离群羊主要靠嗅觉寻找其他伙伴，听觉和视觉起一定的辅助作用。一般认为羊失群时，可根据黏在草本上的腺体分泌物的气味找到羊群。

2）"头羊"的作用 "头羊"是一个羊群的领导，它带领全群统一行动，在出圈、入圈、放牧、饮水、换草地、运输等方面，只要"头羊"先行，其他羊就尾随而来。

3）山羊的采食能力 山羊具有薄而灵活的嘴唇和锋利的牙齿，能够啃食地面的短草，能够利用许多其他家畜不能利用的饲草饲料。山羊喜食细叶小草，如羊茅和灌木嫩枝等。在荒漠、半荒漠地区，牛不能很好利用的大多数植物，山羊则可以有效利用。山羊不是一直牧食，而是吃饱后立即反刍、休息或游走，然后再吃草。日出前后及日落后最喜欢啃吃，而以日出前后采食时间最长。

（二）消化特点

1.胃 羊是典型的反刍动物，共有4个胃，包括瘤胃、网胃、瓣胃和皱胃（或称真胃）。成年后的羊，瘤胃约占到腹腔体积的2/3，内部含有大量的微生物，好比一个大的"发酵罐"。牛、羊等反刍家畜的特殊消化系统使得它们在瘤胃内微生物的帮助下使草料"发酵"，因此，可以说养羊就是养瘤胃。

2.羊体内消化液

1）唾液 羊的唾液是由羊口腔内唾液腺——腮腺、颚下腺、舌下腺中形成的混合物，主要成分是碳酸氢钠、黏蛋白和酶类。由于含有大量碳酸氢钠，所以羊的唾液呈弱碱性；黏蛋白作用是使食物易于沿食管移动，而不损伤胃，以保护黏膜；由于羊的唾液淀粉酶活性很低，所以其消化作用很小。

2）胃液 胃液是由胃底部的腺体分泌的，呈明显的酸性。胃液组成复杂，其中胃蛋白酶、凝乳酶、胃脂肪酶和盐酸是羊胃液中最重要的成分。盐酸的主要作用是维持胃内pH，加速蛋白质的膨胀，有利于酶对它的消化；胃蛋白酶的作用就是催化蛋白质水解；凝乳酶可促使酪蛋白凝固；胃脂肪酶是使脂肪水解为甘油和脂肪酸的一种活性较弱的酶。

3）胰液 胰液对羊的消化过程具有非常重要的意义，其主要成分包括胰蛋白酶、糜蛋白酶、羟基肽酶、淀粉酶等，对饲料所有组成成分均有强烈的酶促分解作用，并能使饲料中60%~80%蛋白质、糖和脂肪水解。

4）**胆汁**　胆汁是肝脏的分泌物，其主要作用就是乳化食糜中的脂肪成稀薄的微粒状乳浊液，使其含有的脂肪酶更加高效地分解饲料中的脂肪。

5）**肠液**　肠液包括十二指肠液、小肠液、大肠液和盲肠液，大肠液和盲肠液中没有酶类，与消化有关的酶类只存在于十二指肠液和小肠液中。肠液对饲料进行最后的消化，把蛋白质分解为氨基酸和淀粉，把双糖分解为单糖。这些小分子物质被小肠黏膜吸收进入血液。

3. 小肠　小肠中微生物量是有限的，因此在小肠中微生物分解可以忽略不计。小肠中所进行的饲料分解过程主要是依靠胰液和肠液中的各种酶类进行酶促分解。另外，小肠是氨基酸、单糖、甘油等分解产物的主要吸收场所。

4. 大肠　在羊的大肠中，食糜发酵过程在继续进行的同时，腐败的过程大大加强。大肠的前部分（盲肠和小结肠）进行纤维素和戊糖的分解过程，后几部分进行蛋白质的腐败过程。大肠中有大量的大肠杆菌、链球菌、甲烷菌和其他微生物。蛋白质在肠道中的腐败过程复杂，进行的速度很快。微生物酶分解饲料中的蛋白质为氨基酸，继而将氨基酸分解为更简单的产物。这些产物大多数对动物有害。大肠的主要功能就是吸收水分形成粪便。

（三）繁殖特点

1. 母羊的生殖器官　母羊的生殖器官（图 2-1）主要由卵巢、输卵管、子宫、阴道等部分组成。

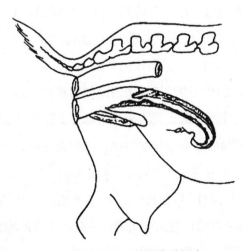

图 2-1　母羊的生殖器官

1）卵巢　卵巢位于腹腔肾脏的后下方，由卵巢系膜悬挂在腹腔靠近体壁处，后端有卵巢固有韧带连子宫角。卵巢左、右各1个，呈杏仁形，长1.0～1.5厘米，宽0.5～0.8厘米。卵巢由外层皮质与内层髓质所构成。皮质包在髓质的外面，皮质由不同发育时期的滤泡和间质组成，是卵子和黄体生成的地方；髓质由结缔组织构成，内有大量的血管和神经，它能供给滤泡生成所需的营养物质。在卵泡的发育过程中，包围在卵泡细胞外的两层卵巢皮质基质细胞形成卵泡膜，它又可再分为血管性的内膜和纤维性的外膜。卵泡内膜分泌雌激素。一定量的雌激素可以导致母羊发情、排卵。排卵后形成黄体。黄体细胞产生黄体酮，促使子宫黏膜增厚，维持正常妊娠。卵巢具有产生和成熟卵细胞的机能，也具有分泌雌性激素的功能。由于雌性激素的作用，激发第二性征的发育和性周期的变化。

2）输卵管　输卵管位于卵巢与子宫角之间的输卵管系膜内，是弯曲状的管道，左、右两侧各有一条，靠近卵巢一端较粗，膨大呈漏斗状，称输卵管漏斗；开口于腹腔，称输卵管伞，以承接由卵巢排出的卵子。输卵管的子宫端逐渐变细与子宫角前端相连接，无明显分界。输卵管是输送卵子到子宫的管道，也是精子与卵子完成受精过程的地方。受精以后的受精卵或早期胚胎沿着输卵管运行到子宫。

3）子宫　子宫大部分位于腹腔后部，小部分位于骨盆腔入口的前部，背侧为直肠，腹侧为膀胱，前接输卵管，后接阴道，借助于两侧子宫阔韧带悬附于腰下部腹腔内。子宫由2个子宫角、1个子宫体和1个子宫头构成。

（1）子宫角　子宫角左右两边分开，其尖端分别与两条输卵管相连接，其外形像绵羊的角，有大小两个弯，小弯向下，有子宫韧带附着，血管、神经由此出入。

（2）子宫体　子宫体较短。在子宫角和子宫体的黏膜层有几排呈纽扣状隆起，称为绒毛叶阜，其中心有凹窝，妊娠时能增大好几倍，是胎膜与子宫相结合的地方，分娩后又逐渐缩小。

（3）子宫头　子宫头是内括约肌样构造的厚壁组成的一条狭窄而长的宫腔，呈螺旋形管状，又称子宫头管。子宫头突入阴道的部分为子宫头阴道部，其开口为子宫头外口。子宫头外口黏膜形成辐射状的皱褶，形似菊花状。不发情和妊娠阶段子宫颈口紧闭。

4）阴道　阴道是一伸缩性很大的管道，位于骨盆腔，背侧为直肠，腹侧为膀胱和尿道，前接子宫，由子宫颈口突出于阴道，形成一个环形隐窝，称为阴道穹隆。后接尿生殖前庭，以尿道外口和阴瓣为界。羊的阴道长10～14厘米。阴道是母羊的交配器官和分娩时胎儿的产道，又是子宫颈、子宫黏膜和输卵管分泌物的排出管道。

5）尿生殖前庭　尿生殖前庭位于骨盆腔内，间于阴道与阴门之间的一段，前高后低，稍微倾斜，尿道口位于阴瓣的后下方，与膀胱相通。底壁有不发达的前庭小腺，开口于阴蒂的前方，在尿道外口的腹侧有一盲囊，称尿道憩室。两侧壁有前庭大腺及其开口，为分支管状腺，发情时分泌物增多。尿生殖前庭是交配、排尿和分娩的通道。

6）阴门　阴门位于肛门之下，是通入尿生殖前庭的入口，由左右两侧阴唇构成，其上、下两端分别为阴唇的上、下联合。上联合呈钝圆形，下联合呈突而尖。阴蒂较短，埋藏在下联合阴蒂窝内。阴蒂由弹力组织和海绵组织构成，富含神经。阴蒂是母羊的交配感觉器。发情时阴唇充血肿胀，阴蒂也充血、外露。

2. 公羊的生殖器官　公羊的生殖器官由睾丸、附睾、阴囊、输精管、副性腺、尿生殖道和阴茎等几部分组成（图2-2）。公羊的生殖器官具有产生精子、分泌雄性激素以及将精液送入母羊生殖道的作用。

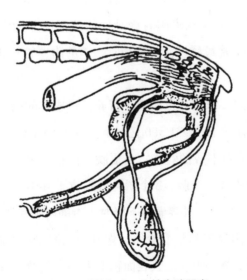

图2-2　公羊生殖器官

1）睾丸　睾丸为雄性生殖腺体，具有产生精子及合成和分泌雄性激素的功能。睾丸在胚胎前期，位于腹膜外面，当胎儿发育到一定时期，它就和附睾一起通过腹股沟管进入阴囊，分居在阴囊的两个腔内。胎儿出生后，公羊睾丸若未下降到阴囊，即为隐睾。两侧隐睾的公羊完全失去生育能力，单侧隐睾虽然有生育能力，但隐睾往往有遗传性，所以两侧及单侧隐睾的公羊均不能留作种用。

睾丸是一个复杂的管腺，由曲细精管、直细精管、睾丸精网、输出管及精细管间的间质等部分组成。成年公羊的睾丸呈长卵圆形，左、右各一，悬垂于腹下。绵羊的睾丸重 400 ~ 500 克，山羊的睾丸重 120 ~ 150 克。正常的睾丸触摸时，两睾丸均应坚实，有弹性，阴囊和睾丸实质有光滑而柔软的感觉。

精子由精细管生殖上皮的生殖细胞组形成。生殖细胞经过 4 次有丝分裂和 2 次减数分裂形成精子细胞，最后经过形态学变化生成精子。精子形成以后先进入曲细精管腔内，然后经直细精管和睾丸精网进入附睾中。羊的每克睾丸平均每天可产生精子 $(2.4 ~ 2.7) \times 10^7$ 个。

位于精细管与曲细精管之间的间质细胞分泌雄性激素。雄性激素能使公羊产生性欲和性行为，刺激第二性征，促进阴茎和副性腺的发育，维持精子的发生和附睾精子的存活。

2）附睾　附睾贴附于睾丸的背后缘，附睾由头、体、尾 3 部分组成。附睾头由许多睾丸输出管盘曲组成，借结缔组织结成若干附睾小叶，这些附睾小叶联结成扁平而略呈杯状的附睾头贴附于睾丸的头端。各附睾小叶的输出管汇成一条弯曲的附睾管，弯曲的附睾管由睾丸头端沿附着缘延伸的狭窄部分为附睾体。在睾丸的尾端扩张而成附睾尾。附睾管最后过渡为输精管。羊的附睾管长 35 ~ 50 米，直径 0.1 ~ 0.3 毫米。

附睾具有精子最后成熟、浓缩并供给精子营养，将成熟的精子运送和贮存于附睾尾等功能。公羊附睾贮存精子数在 1 500 亿以上，其中 68% 贮存于附睾尾。

3）阴囊　阴囊是由腹壁形成的囊袋，由皮肤、内膜、睾外提肌、筋膜和总鞘膜构成，有一中隔将阴囊隔成 2 个腔，2 个睾丸分别位于其中。阴囊具有温度调节的作用，以保护精子正常生成。当外界温度下降时，借助内膜和睾外肌的收缩作用，使睾丸上举，紧贴腹壁，阴囊皮肤紧缩变厚，保持一定温度；当外界温度升高时，阴囊皮肤松弛变薄，睾丸下降，阴囊皮肤表面积增大，以利散热降温。阴囊腔的温度通常为 34 ~ 36℃。

4）输精管　输精管是由附睾管延续而来，与通往睾丸的神经、血管、淋巴管、睾内提肌组成精索，一起通过腹股沟管，进入腹腔，转向后进入股盆腔通往尿生殖道，开口于尿生殖道骨盆部背侧的精阜，在接近开口处输精管逐渐变粗而形成输精管壶腹，并与精液囊的导管一同开口于尿生殖道。

输精管具有发达的平滑肌纤维，管尾厚而口径小。在交配时，由于输精管平滑肌强力的收缩作用而产生蠕动，将精子从附睾尾输送到壶腹，同时与副性腺分泌物混合，然后经阴茎射出。

5）**副性腺**　副性腺有精囊腺、前列腺和尿道球腺 3 种。射精时它们和输精管壶腹的分泌物一起混合形成精清，精清与精子共同形成精液。

①精囊腺成对位于输精管末端的外侧，呈蝶形覆盖于尿生殖道骨盆部前端。精囊腺和输精管共同开口于尿生殖道骨盆部的精阜。精囊腺分泌液含有果糖，能供给精子营养，并能刺激精子运动。

②前列腺位于精囊腺的后方，为复管状腺，多个腺管开口于精阜的两侧。其分泌物呈弱碱性，能中和尿道和精液中的酸性物质，刺激并增强精子的活动能力。

③尿道球腺位于骨盆末端背侧，坐骨弓附近，导管有多条直接开口于尿生殖背侧壁。

6）**尿生殖道**　尿生殖道起自膀胱颈末端，终于龟头，可分为骨盆部和阴茎部。骨盆部为膀胱颈至坐骨弓的一段。背侧壁内黏膜上有一突出的精阜，输精管开口于精阜，另外副性腺的导管均开口于精阜的后方。阴茎部为阴茎腹侧的一段，与阴茎同长，其末端突出于阴茎，有明显的尿道突，绵羊的呈 S 状弯曲，山羊的较短而直。尿生殖道为尿液和精液的共同通道。

7）**阴茎**　阴茎是公羊的交配器官。它由阴茎海绵体和尿生殖道阴茎部分组成，其末端藏于包皮内，可分成阴茎根、体和龟头（或尖）3 部分。羊的阴茎较细，体部呈 S 状弯曲在阴囊的后方，在龟头上有一丝状体，呈蜗卷状。阴茎的功能是排尿和输送精液到母羊生殖道里。阴茎平时缩于包皮内，在配种或采精时，受外界刺激，阴茎充血便勃起，由于尿生殖道的平滑肌发生收缩，精子从附睾进入输精管内与精清混合后从尿生殖道排出。

（四）生长发育特点

肉羊的整个生命过程可划分为胚胎期（先天）和生后期（后天）两大阶段：胚胎期分为胚期、胎前期和胎儿期 3 个时期；生后期分为哺乳期、幼年期、青年期、成年期和老年期 5 个时期。

1. 胚胎期

1）**胚期**　胚期指从受精卵开始，逐渐发育到与母体建立联系时为止。羊的卵子和精子结合是在输卵管的上 1/3 处发生的。之后受精卵在依靠自身贮备的营养进行卵裂的同时，向母羊子宫角移动，最终附植于子宫角 1/3 处与母羊体建立营养联系。此期特点是细胞强烈分化，出现 3 个细胞层，形成尿囊，单个胚总重量还不足 2 毫克。

2）**胎前期**　胎前期主要特征是各种器官迅速形成，逐渐出现种的特征，并形成完备的胎盘，通过绒毛膜与母体子宫内膜建立牢固的联系。绵羊胎前期从受精后的 29 天持续到 45 天，单个胚胎的总重 15 克左右。

3. 胎儿期　胎儿期主要特征是体躯及各组织器官迅速生长，同时，也形成了被毛和汗腺。胎儿期羊的体重增加很快，如绵羊单个胎儿 58 天时重 64 克，94 天时重 760 克，140 天时重 3 400 克。由此可见，胎儿出生时的体重主要是在胎儿期，特别是胎儿后期，即妊娠最后 2 个月内生长的。

2. 生后期

1）**哺乳期**　哺乳期是指羔羊出生到断奶，即 4 月龄之前这段时期。其特点是，羔羊对外界环境逐渐适应。羔羊由出生前完全依靠母体供应营养物质、氧气并排出代谢产物，到出生后依靠自身的呼吸机能和消化机能获得营养物质和氧气，并排出消化、代谢产物，是一个巨大的变化。但羔羊，特别是哺乳前期，主要营养物质是依靠母体（乳汁）提供的。出生后 1 ～ 2 周羔羊的体温调节、消化、呼吸系统的发育都还不够完善，机能也都还不健全，因此，在饲养管理过程中若有疏忽，极易造成发病或夭亡。此期又是羊一生生长发育最快的时期，像小尾寒羊，在母乳较好的情况下，哺乳期内的日增重一般能达 200 ～ 300 克，到 3 月龄体重已可比出生时增加 5 ～ 10 倍或更多。因此，如若母乳及补饲不足或对羔羊管理不周，就必将使其生长发育受到严重的影响。

2）**幼年期**　幼年期指羔羊由断奶到 6 月龄这一阶段。此时羔羊消化系统的发育还不够完善，消化机能也不够健全。幼年期，特别是断奶后的最初几天的羔羊要由主要或部分依赖母乳过渡到完全依靠采食固体饲料生活，此后食量不断增加，消化机能也大大增强；骨骼和肌肉迅速增长，各组织器官也相应增大，绝对生长速度迅速加快，是进行羔羊育肥和从事肥羔生产最有利、最关键的时期。

3）**青年期**　青年期指由性成熟到生理成熟（体成熟）的这段时期。这时羊各组织器官的发育已逐渐完善，机能也逐渐健全，绝对生长（增重）已达最高峰。对于商品肉羊而言，这一时期仍算育肥效果尚可，进行经济利用也仍然还属较为合算的时期。

4）成年期　成年期羊的体型已定，生理机能也已完全成熟，生产性能也已到了最高峰，并且能量代谢水平也已基本稳定下来。羊到成年虽已不再生长，但在较瘦情况下若遇优越营养条件却能迅速沉积脂肪，使其肉质得到显著改善。

5）老年期　老年期羊整体代谢水平开始下降，各组织器官的机能也逐渐衰退，饲料利用、转化率与生产、繁殖性能也都随之下降，呈现各种衰老现象，但仍有较好的脂肪沉积能力。

羊的生长发育不仅具有明显的阶段性，而且各阶段的长短也常因品种而异，并且也是可以通过一定的饲养管理措施加以提前或延迟的。另外，大量研究证明，羊的肌肉、脂肪、骨骼等组织器官及外形在各个生理阶段和不同生长发育时期的生长也都并非是成比例和均衡的。

三、养殖场的建设标准化

（一）环境控制标准化

1. 厂址选择　在新建羊场时，对场地的选择应从以下几个方面进行考虑：

☞ 必须选择羊适宜的生活环境。干燥通风，冬暖夏凉的环境是羊适宜的生活环境，所以必须选择地势较高、排水良好、通风干燥、南坡向阳的地方。切忌选择低洼涝地、山洪水道、冬季风口的地方。

☞ 必须根据羊场总体规划，充分考虑放牧与饲草饲料条件。北方牧区、农牧结合区要有足够的四季牧场和打草场；南方草山草坡地区以及大面积人工草场地区，要有足够的轮牧草场；以舍饲为主的农区以及集中育肥时，必须要有足够的饲草料基地或饲草料来源。

☞ 要有清洁而足够的水源，切忌在严重缺水或水源严重污染及寄生虫危害的地区建场，羊以舍饲为主时水源以自来水最好，井水次之。舍饲羊日需水量大于放牧羊日需水量，夏、秋季大于冬、春季。

☞ 要对基地及周围地区的疫情做详情调查，切忌在传染病疫区建场。羊场周围居民和畜群应稀少，尽量避开附近单位和羊群转场通道，所处地势要在一旦发生疫情时容易隔离封锁的地区。

☞ 交通方便，但应距离交通主干道1千米以上，羊舍之间也要留出一定的隔离带。

2. 羊舍布局　羊场要统筹考虑羊舍的布局。通常要考虑办公室、住房等生活区的位置，要求地势较高、排水良好，并且能看到全场的其他房舍。交通便利，房前、房后均有通道。风向良好，生活区应安排在上风头处，房舍朝向要有利于采光或遮光。

肉羊育肥场主要有育肥羊舍、病羊隔离舍、饲料库、饲料加工车间、兽医室、贮粪池等，要合理布局，有利于生产、防病。

3. 厂区绿化 场界林带的设置，应在场界周边种植乔木和灌木混合林带，如属于乔木的有小叶杨、垂柳、榆树及常绿针叶树等，属于灌木的有紫穗槐、刺榆等。宽度在10米以上，起到防风阻沙作用。场区绿化带的设置，主要分布在场内各区，如在生产区、住宅区及生产管理区的四周都应有这种阻止有害气体通过的绿化带，保证至少有25%有害气体被阻止，每公顷阔叶林在生长季节每天可吸收约1 000千克的二氧化碳，生产约750千克氧。绿化带具有改善场区小气候、净化空气、减少尘埃的作用。另外，绿化带还可以减少噪声、美化环境。所以，要加强场区的绿化建设。

4. 厂区粪污处理

1）粪污无害化措施

☞ 肉羊场应有固定的羊粪贮存、堆放的设施和场所，贮存场所要有防雨、防粪液渗漏和溢流等措施。

☞ 农区粪污采用发酵或其他方式处理，作为有机肥利用或销往有机肥厂。牧区采用农牧结合良性循环措施。

☞ 建设高床羊圈漏缝地板，羊圈应具有干燥、通风、粪便易于清除等特点，可以大大减少羊疾病的发生。同时，要调教羊定点排泄粪便，保持羊床清洁干燥。

☞ 新建肉羊场必须进行环境评估，确保肉羊场建成后不污染周围环境，周围环境也不污染肉羊场环境。

☞ 新建肉羊场必须与相应的粪便和污水处理设施同步建设。

☞ 羊粪、尿、尸体及相关组织、垫料、过期兽药、残余疫苗、一次性使用的畜牧兽医器械及包装物和污水处理实行减量化、无害化和资源化的原则。

☞ 羊粪经堆积发酵或沼气池处理后应符合《粪便无害化卫生要求》的规定；污水经生物处理后应符合《畜禽养殖业污染物排放标准》的规定。

☞ 对空气、水质、土壤等环境参数定期进行监测，并及时采取改善措施。应对空旷地带进行绿化，绿化覆盖率不低于30%。

2）病死羊处理原则

☞ 病羊要有专门的隔离羊舍，防止疾病蔓延。

☞ 配备焚尸炉或化尸池等病死羊无害化处理设施。病死羊采用深埋或焚烧等方式处理，要做好完整的记录。

（二）圈舍建设标准化

羊舍是养羊业的主要基础设施。我国养肉羊的地区几乎遍及全国，由于各地的自然生态环境条件、社会经济条件之间的差异，羊舍的建筑设施种类差异也较大。虽然绵羊、山羊是一种适宜放牧的家畜，但作为现代养羊业，要求专业化生产，提高经济效益，就必须改变旧的生产方式，更好、更合理地去满足和保证羊的生理要求，从而提高其生产性能。为了达到这个目的，在考虑羊场建筑时，既要因地、因时制宜，又要把眼光放远一点。

1. 圈舍建设的基本要求　羊舍的功能主要是为了保暖、遮风、避雨和便于羊群的管理。我国养羊地域广、生态条件及生产方式差异大，羊舍的建筑也千差万别，但是无论哪一种羊舍，都必须遵循"经济、合理、实用"的原则，羊舍建筑应尽量满足下列基本要求：

1）**地点要求**　建筑地点地势相对较高，通风干燥，避风向阳，要接近放牧地、饲草料库和清洁水源，生产区应建在羊场生活区的下风向处和天然水源的下游。

2）**面积要求**　羊舍应有足够的面积和高度，以舍饲为主的羊舍应有足够的运动场地。羊舍的面积因羊的性别、年龄、品种、生理条件及气候因素而有差异。通常，羊舍面积按以下标准建造，种公羊每只 1.5~2 米²，母羊 0.8~1 米²，妊娠母羊和哺乳母羊 2~2.5 米²，运动场面积不小于羊舍面积的 2 倍。

3）**通风采光要求**　羊舍门窗、地面及通风设施需有利于舍内干燥、保温、防暑；有利于排除舍内氨气、硫化氢等有害气体；有利于保持舍内有足够的光照。

4）**抗灾要求**　注意不同气候条件下自然灾害可能对羊舍的侵袭，如北方高寒地区可适当增加墙壁厚度，以利于保温；多风沙地区门窗可增加盖板防风沙；南方多雨地区羊舍房顶要有严密的防漏处理，墙根应有防潮处理和通畅的排水系统；高温区要有充足的运动场，并设有遮阴设施。

2. 圈舍的基本构造

1）**羊舍**　羊舍为双列式单层砖木结构，长 30 米，宽 7.5 米（含 1.5 米饲喂通道），高 5 米，运动场位于羊舍后方宽 4 米，砖砌高 1.5 米（图 3-1）。

2）**门窗**　大群饲养的舍门宽度以 2~3 米为宜，羊群小或分栏饲养的舍门宽度

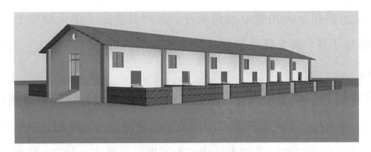

图 3-1 砖木结构的羊舍

不少于 1.5 米。窗户面积一般为地面面积的 1/5 左右,距地面高 1.5 米以上,羊舍地面以沙壤土为最好,并应有一定的向外倾斜坡度,以利于排水。设计圈门和窗户,具体数据为:圈门高 100 厘米、宽 90 厘米,窗户距漏缝地板 120 厘米,高 1 米,宽 0.9 米。

3)地板 羊舍圈内地板采用漏缝地板,根据羊的不同年龄大小,木条间隔小羊 1.5~2 厘米,大羊 2~2.5 厘米。漏缝地板距地面 1 米,下方地面坡度为 10°,后接粪尿沟。

4)排水 羊舍内和运动场要排水性能好,创新设计漏缝地板下方地面为水泥地面、平滑、坡度为 10°,粪尿沟、运动场地面坡度为 5°。粪尿沟深 20 厘米,宽 30 厘米。运动场地面为水泥地面或砖铺地面。

5)食槽 羊舍内设计食槽,距地面 50 厘米,高 30 厘米,宽 60 厘米,内深 20 厘米。

(三)生产设备标准化

1. 饲草架和饲槽 饲槽通常有固定式、移动式和悬挂式。固定式饲槽在饲喂场内用砖、石、水泥等砌成,一般上宽 50 厘米,深 20~25 厘米,槽底距地高 40~50 厘米,槽底为圆弧形,饲槽长度以饲养羊数多少而定。移动式饲槽,用厚木板钉成,其制作简单,搬动方便,多用于冬季舍内饲喂及转场途中补盐。悬挂式饲槽,将长方形小饲槽悬挂于补饲栏上,为断奶羔羊补饲,并防止羔羊践踏饲草,抢食翻槽。

草架是用铁丝或竹条编成,可供堆存补饲用的干草。

2. 母子栏 为母羊产羔、瘦弱羊隔离而设置。一般为两块栅板用铰链连接而成，将此活动木栏在羊舍角隅以直角展开，并将其固定于羊舍墙壁上，可围成1.2米×1.5米的母子栏，供1只母羊及其羔羊单独用。母子栏的数量一般为母羊数的10% ~ 15%。

3. 羔羊补饲栏 将多个栅栏、栅板或网栏在羊舍或补饲场靠墙围成适当面积的围栏，在栏间插入一个大羊不能入内而羔羊能自由出入的栅门，内放食槽等。

4. 分群栏 在大中型肉羊饲养场内，为了提高羊鉴定、分群、防疫注射、药浴、驱虫等工作的效率，通常要设有比较结实但可活动的分群栏。分群栏可用栅栏组成，通道的宽度比羊体稍宽，羊在通道中只能单行前进而不能回头。

5. 磅秤及羊笼 为了定期称量羊的体重，掌握饲养效果等情况，肉羊场应设置小型地秤，并在磅秤上装置木制或钢盘制的长方形羊笼。羊笼一般长1.4米，宽0.6米，高1米左右，两端安置活动门供羊进出。

6. 药浴池 在羊场内选择适当地点修建药浴池。药浴池一般深不小于1米，长8~15米，池底宽0.3~0.6米，上宽0.6~1米，以1只羊能通过而转不过身为度。药浴池入口一端是陡坡，出口一端筑成台阶以便羊攀登，出口端设有滴流台，羊出浴后在羊栏内停留一段时间，使身上多余的药液流回药浴池内。药浴池一般为长方形，似一条狭而深的水沟，用水泥筑成。小型羊场或农户可用浴槽、浴缸、浴桶代替，以达到预防体外寄生虫的目的。

7. 机械设备 大型羊场为提高生产效率，便于机械化作业，往往需要较多的机械设备，包括运输车辆、提升机、牧草收获机械、饲料加工机械和免疫消毒设备等机械设备。

（四）生产管理标准化

1. 工作人员管理标准化

1）员工守则

（1）符合下列条件者受奖励 关心集体，爱护公物，提合理化建议，主动协助领导搞好工作者；在特定环境中见义勇为者，敢于揭发坏人坏事者；努力学习专业知识，操作水平较高者；认真执行羊场各项规章制度，遵守劳动纪律者；胜任本职工作，生产成绩特别显著，贡献很大者。

（2）符合下列条件者受罚 违反劳动纪律者；违反操作规程；出现责任事故、

造成损失者；不爱护公物，损坏公物者；挑拨离间、无理取闹、搞分裂者；对坏人坏事知情不报者，见危不救、袖手旁观者；以权谋私、化公为私者；贪污受贿、挪用公款、收取回佣及厚礼者；盗窃、赌博者；语言行为粗暴及欺骗者。

2）员工休假、请假、考勤、顶班制度

（1）休假制度　员工每月休假2天，正常情况不得超休；正常休假由组长、生产线主管逐级批准，安排轮休；有薪假（婚假7天，丧假5天，产假45天）；法定节假日上班的，可领取加班补贴；休假天数积存多的由生产线主管、场长安排补休，省内可积休8天，跨省12天。

（2）请假制度　除正常休假，一般情况不得请假，病假等例外；请假需写员工请假单，层层报批，否则做旷工处理；旷工1天，扣薪2天，连续旷工5天以上做自动离职处理；员工请假期间无工资，因公负伤者可报公司批准，治疗期间工资照发；生产线员工请假4天以上者由主管批准，7天以上者须由场长批准。

（3）考勤制度　生产线员工由组长负责考勤，副场长、组长由场长负责考勤，月底上报；员工须按时上下班，迟到或早退2次扣1天工资；有事需请假；严禁消极怠工，一旦发现经批评教育仍不悔改者，按扣薪处理，态度恶劣者上报公司做开除处理。

（4）顶班制度　员工休假（请假）由组长安排人员顶班，组长负责；组长休假（请假）由副场长顶班，副场长负责；副场长休假（请假）由场长顶班，场长负责；各级人员休假必须安排好交接工作，保证各项工作顺利开展；出现特殊情况如外界有疫情需要封场，则不可正常休假，只能安排积休。

3）食堂管理制度　为了方便职工就餐，搞好职工生活，加强食堂管理工作，现将羊场食堂管理制度规定如下：职工每人每月伙食费200元；厨师负责制，由副场长领导；食堂要保持清洁卫生，周围环境及食堂内每周消毒一次，餐具（碗、筷、碟）每餐用完后清洗干净；食堂财务要公开，互相监督，不准营私舞弊，每月底结算一次伙食费，超出标准数额由羊场职员平摊；非编额外人员用餐每人每天10元计，厨师须在额外人员用餐记录表上记录清楚；搞好场内菜地种植工作，争取场内蔬菜自给自足；合理安排早餐。

2. 生产组织管理标准化

1）羊场组织架构

（1）行政人员　场长1人，副场长1人，配种妊娠组长1人，分娩保育组长1人，生长育肥组长1人。

（2）饲养员

①配种妊娠组2人（含组长），管理3栋圈，成年羊约300头。②分娩组2人（含组长），管理1栋圈，哺乳母羊约90头及羔羊约180头。③保育育成组2人（含组长），管理2栋圈，育肥羊约300头。

（3）食堂　根据具体情况定厨房人数。

2）责任分工　场长负责制。层层管理，分工明确。下级服从上级。重点工作协作进行。

（1）场长　对公司领导负责，对羊场效益负责，对羊场员工负责；领导羊场的全面工作；对副场长的各项工作进行监督、指导；负责后勤保障工作的管理，及时协调各部门之间的工作关系；负责落实和完成公司下达的全场经济指标；负责全场生产线员工的技术培训工作，主持每月的生产例会。

（2）副场长　对场长负责；直接管辖组长，通过组长管理员工；负责制定和完善本场的各项管理制度、技术操作规程；负责制定具体的实施措施，落实和完成公司各项任务；负责全场的生产报表，并督促做好月结工作、周上报工作，负责生产线日常工作；监控本场的生产情况，员工工作情况和卫生防疫，及时解决出现的问题；负责编排全场的经营生产计划，物资需求计划；负责全场直接成本费用的监控与管理；直接管辖生产线主管，通过生产线主管管理生产线员工；负责羊病防治及免疫注射工作。

（3）组长

①配种妊娠舍组长。

A.负责组织本组人员严格按《饲养管理技术操作规程》和每周工作日程进行生产。

B.及时反映本组中出现的生产和工作问题。

C.负责整理和统计本组的生产日报表和周报表。

D.负责本组定期全面消毒，清洁工作。

E.负责本组工具的使用计划与领取及盘点工作。

F.服从副场长的领导，完成副场长下达的各项生产任务。

G.负责本生产线配种工作，保证生产线按生产流程运行。

H.负责本组母羊转群，调整工作。

②分娩保育舍组长。

A. 负责组织本组人员严格按《饲养管理技术操作规程》和每周工作日程进行生产，及时反映本组中出现的生产和工作问题。

B. 负责整理和统计本组的生产日报表和周报表。

C. 负责本组定期全面消毒，清洁工作。

D. 负责本组工具的使用、领取及盘点工作。

E. 服从副场长的领导，完成副场长下达的各项生产任务。

F. 负责本组母羊、羔羊转群、调整工作。

③生长育成舍组长。

A. 负责组织本组人员严格按《饲养管理技术操作规程》和每周工作日程进行生产。

B. 及时反映本组中出现的生产和工作问题。

C. 负责整理和统计本组的生产日报表和周报表。

D. 负责本组定期全面消毒，清洁工作。

E. 负责本组工具的使用、领取及盘点工作。

F. 服从副场长的领导，完成副场长下达的各项生产任务。

G. 负责育成、育肥羊的周转、调整工作。

（4）饲养员　对组长负责，在组长的领导下工作。

3. 报表管理标准化　报表是反映羊场日常生产管理情况的有效手段，是上级领导检查工作的途径之一，也是统计分析、指导生产的依据。因此，认真填写报表是一项严肃的工作，应予以高度重视。各生产组长做好各种生产记录，并准确、如实地填写周报表，交给副场长，经查对核实后，及时备案，其中配种、分娩、断奶、转栏及上市等报表应一式3份。

4. 养殖档案管理标准化　为规范养殖场档案管理，增强养殖场档案的实用性、有效性和可追溯性，特制定养殖场档案管理制度。

1）归档范围　养殖场的规划、年度计划；生产统计资料；财务审计、会计档案；人事档案；会议记录、决定、通知；协议合同、项目方案等具有参考价值的文件资料。

2）档案管理员的职责　保证养殖场的原始资料及单据齐全完整、安全保密和使用方便。

3）资料的收集与整理

①养殖场的归档资料实行"日清月结""季度归档"及"年度归档"制度。

②在档案资料归档期，由档案管理员分别向各主管部门收集应该归档的原始资料。各主管部门经理应积极配合与支持。

③专用的收、发文件资料，按文件的密级确定是否归档。凡机密以上级的文件必须把原件放入档案室。

4）资料的分类与归档

①档案资料的分类依据计划类、生产统计类、财务类、人事类、决定通知类、协议合同类等进行分类。

②档案资料的归档每季度一次，每年度进行系统整理。属于平时立卷归档的不在此规定范围内。

5）档案的借阅

①总经理、副总经理、总监、总经理办公室主任借阅非密级档案可直接通过档案管理员办理借阅手续。

②因工作需要，公司的其他人员需借阅非密级档案时，由部门经理办理借阅档案申请表并送至总经理办公室主任核批。

③档案密级分为绝密、机密、秘密3个级别，绝密级档案禁止调阅；机密级档案只能在档案室阅览，不准外借；秘密级档案经审批可以借阅，但借阅时间不得超过4小时。秘密级档案的借阅必须由总经理或分管副总经理批准。总经理因公外出时可委托副总经理或总经理办公室主任审批，具体按委托书的内容执行。

④档案借阅者必须做到：爱护档案，保持整洁，严禁涂改；注意安全保密，严禁擅自翻印、抄录、转借、遗失。

6）档案的销毁

①养殖场任何个人或部门非经允许不得销毁档案资料。

②当某些档案到了销毁期时，由档案管理员填写公司档案资料销毁审批表并交总经理办公室主任审核，经总经理批准后执行。

③凡属于密级的档案资料必须由总经理批准方可销毁；一般的档案资料，由总经理办公室主任批准后方可销毁。

④经批准销毁的档案，档案管理员须认真核对，将批准的档案资料销毁审批表和将要销毁的档案资料做好登记并归档。登记表永久保存。

四、养殖品种标准化

（一）品种选择的标准化

羊的品种是人们在一定的社会条件下，为了生产和生活的需要，通过长期选育而成的具有共同经济特点，并能将其特点稳定地遗传给后代的类群。据不完全统计，我国目前饲养的肉羊品种共有 30 余种。

1. 肉用羊品种特征

1）早熟　一般肉用羊品种比毛用品种羊性成熟早，在 7~8 月龄，甚至 5~6 月龄即具备繁殖能力，而毛用品种羊在 10~12 月龄。

2）年产羔数多和成活率高　年产羔数和成活率是决定肉羊生产效率的最重要指标，肉羊要四季发情，常年配种并产多羔。

3）生长发育快　生长速度是评价种羊质量最重要的经济性能之一，经育肥 4~6 月龄可达到上市体重。

4）饲料转化效率高　饲料转化效率高是降低养殖成本的最重要指标。

5）肉的品质好　肉色、嫩度是消费者最关注的性能指标之一。

6）体型好　具备圆桶状的肉用体型。

2. 肉用羊品种选择标准　肉用品种羊适宜选择规格标准为：一级肉肌肉发育最佳，骨不外露，全身充满脂肪，在肩胛骨上附有柔软脂肪层；二级肉肌肉发育良好，骨不外露，全身充满脂肪，肩胛骨稍突起，脊椎上附有肌肉；三级肉肌肉不甚发达，仅脊椎、肋骨外露，并附有细条的脂肪层，在臀部、骨盆部有瘦肉；四级肉肌肉不发达，骨骼明显外露，体腔上部附有沉积脂肪层。

（二）主要优质品种介绍

1. 国内常见肉用绵羊品种

1）**小尾寒羊** 小尾寒羊是中国乃至世界著名的肉、裘兼用型绵羊品种，原产于山东省西南部的梁山、郓城、嘉祥、东平、鄄城、汶上、巨野、阳谷等县，河南省东北部和河北省东南部也有饲养。在世界羊业品种中，小尾寒羊产量高、个头大、效益佳，国家将其定为名畜良种，被人们誉为中国"国宝"、世界"超级羊"及"高腿羊"品种。近年来全国各地大力发展小尾寒羊，其数量目前已达 200 万只以上。

（1）品种特性 小尾寒羊体格高大，体躯匀称，呈圆筒形，头大小适中，头颈结合良好。眼大有神，嘴头齐，鼻大且鼻梁隆起，耳中等大小，下垂。头部有黑色或褐色斑。公羊头大颈粗，有螺旋形大角，角形端正；母羊头小颈长，无角或有小角。四肢高，健壮端正，脂尾呈圆扇形，尾尖上翻内扣，尾长不超过飞节。公羊睾丸大小适中，发育良好，附睾明显。母羊乳房发育良好，皮薄毛稀，弹性适中，乳头分布均匀，大小适中，泌乳力好。被毛白色，毛股清晰，花穗明显。被毛可分为裘皮型、细毛型和粗毛型 3 类：裘皮型毛股清晰、弯曲明显；细毛型毛细密，弯曲小；粗毛型毛粗，弯曲大。

公羊初次配种时间为 7.5 ~ 8 月龄，母羊初次配种时间为 6 ~ 7 月龄。公羊每次射精量 1.5 毫升以上，精子密度 2.5×10^9 个以上，精子活力在 0.7 以上。母羊发情周期 17 ~ 18 天，妊娠期 43 天 ±3 天。母羊常年发情，春秋季较为集中。初产母羊产羔率在 200% 以上，经产母羊产羔率在 250% 以上。

成年公羊年剪毛量为 4 千克，母羊为 2 千克以上；净毛率在 60% 以上；被毛白色，异质毛，有少量干死毛。6 月龄公羊屠宰率在 47% 以上，净肉率在 37% 以上。

小尾寒羊肉用性能优良，早期生长发育快，成熟早，易育肥，适于早期屠宰，因此小尾寒羊的主要用途是纯种繁育，进行肉羊生产，或作为杂交的优良母本素材，生产羔羊肉。

小尾寒羊的双羔或多羔特性具有遗传性，在选留种公羊、母羊时，其上代公羊、母羊最好是从一胎双羔以上的后备羊群中选出。这些具有良好遗传基础的公、母羊留作种用，能在饲养中充分发挥其遗传潜能，提高母羊一胎多羔的概率。

小尾寒羊产单羔较少，一般只见于初产羊。母羊一生中以 3 ~ 4 岁龄繁殖率最强，繁殖年限一般为8年。合理调整羊群结构，有计划地补充青年母羊，适当增加3~4岁龄母羊在羊群中的比例，及时发现并淘汰老、弱或繁殖力低下的母羊，以提高羊群的整体繁殖率。

（2）等级评定　小尾寒羊的品种标准参照《小尾寒羊》（GB/T 22909—2008）。该标准是在2008年12月31日发布，2009年5月1日开始实施的，适用于小尾寒羊的品种鉴定和等级评定。

（3）小尾寒羊的显著优点

①早熟、多胎、多羔。小尾寒羊6月龄即可配种受胎，年产2胎，胎产2~6只，有时高达8只。

②生长快、体格大、产肉多、肉质好。小尾寒羊4月龄即可育肥出栏，年出栏率在400%以上；体重6月龄可达50千克，周岁时可达100千克，成年羊可达130~190千克。周岁育肥羊屠宰率55.6%，净肉率45.89%。小尾寒羊肉质细嫩，肌间脂肪呈大理石纹状，肥瘦适度，鲜美多汁，肥而不腻，鲜而不膻，营养丰富，蛋白质含量高，胆固醇含量低，富含人体必需的各种氨基酸、维生素、矿物质元素等。

③裘皮质量好。小尾寒羊4~6月龄羔皮，制革价值高，加工熟制后，板质薄，重量轻，质地坚韧，毛色洁白如玉，光泽柔和，花弯扭结紧密，花案清晰美观。

④遗传性稳定。小尾寒羊遗传性能稳定，高产后代能够很好地继承亲本的生产潜力，品种特征保持明显，尤其是小尾寒羊的多羔、多产特性能够稳定遗传。

⑤适应性强。小尾寒羊虽是蒙古羊系，但由于千百年来在鲁西南地区已养成"舍饲圈养"的习惯，因此日晒、雨淋、严寒等自然条件均可由圈舍调节，很少受地区气候因素的影响。小尾寒羊在全国各地都能饲养，均能正常生长、发育、繁衍。

2）湖羊　湖羊原产中国太湖流域，主要分布于浙江省嘉兴市、湖州市、杭州市余杭区，以及江苏省苏州市和上海市部分地区。

湖羊是稀有白色羔皮羊品种，为中国一级保护地方畜禽品种，具有早熟、四季发情、多胎多羔、繁殖力强、泌乳性能好、生长发育快、产肉性能好、肉质好、耐高温高湿等优良性状。

（1）品种特性　湖羊属短脂尾绵羊，为白色羔皮羊品种。体格中等，被毛白色，公、母羊均无角，头狭长，鼻梁稍隆起，多数耳大下垂，颈细长，体躯偏下长，背腰平直，腹微下垂，尾扁圆，尾尖上翘，四肢偏细而高。公羊体型大，前躯发达，胸宽深，胸毛粗长。

羔羊出生 1 ～ 2 天宰剥的羔皮称为小湖羊皮。小湖羊皮毛色洁白，具有扑而不散的波浪花、片花和其他花纹，光泽好，皮板软薄而致密，为我国传统出口商品。羔羊生后 60 天内宰剥的皮称为袍羔皮，也是上好的裘皮原料。

湖羊性成熟早，母羊 4 ～ 5 月龄性成熟。公羊在 8 月龄、母羊在 6 月龄可配种。母羊四季发情、排卵，终年可配种产羔，母性好，泌乳性能强，可年产 2 胎或 2 年 3 胎。产羔率：初产母羊在 180% 以上，经产母羊在 250% 以上。

湖羊毛属异质毛，成年公羊年产毛 1.5 千克 / 只，成年母羊 1.0 千克 / 只，年剪毛 2 次，春、秋季各剪 1 次。

湖羊生长发育快，肉用性能良好。适宜屠宰日龄为 8 月龄。在舍饲条件下 8 月龄屠宰率：公羊 49%，母羊 46%。周岁羊屠宰性状见表 4-1。

表4-1　周岁羊屠宰性状

项目	屠宰头数	屠宰前体重（千克）	胴体重（千克）	净肉重（千克）	骨重（千克）	屠宰率（%）	胴体净肉率（%）	骨肉比
公羊	33	51.67 ± 3.74	26.05 ± 2.10	22.04 ± 1.98	4.01 ± 0.23	50.40	84.61	1：5.48
母羊	47	50.36 ± 4.11	24.10 ± 2.67	20.34 ± 2.10	3.76 ± 0.24	47.87	84.40	1：5.41
平均	40	51.02	25.07	21.19	3.88	49.14	84.51	1：5.44

（2）湖羊一级羊体重体尺指标　湖羊早期生长发育较快，初生重 2.0 千克以上，45 日龄断奶重 10 千克以上。湖羊一级羊各生长阶段体重体尺指标见表 4-2。

表4-2　湖羊一级羊各生长阶段体重体尺指标

性别	年龄	体重（千克）	体高（厘米）	体斜长（厘米）	胸宽（厘米）
公羊	3 月龄	25	—	—	—
	6 月龄	38	64	73	19
	周岁	50	92	80	25
	成年（1.5 周岁以上）	65	77	85	28
母羊	3 月龄	22	—	—	—
	6 月龄	32	60	70	17
	周岁	40	65	75	20
	成年（1.5 周岁以上）	43	65	75	20

湖羊主要用于纯种繁育生产羔皮羊和肥羔，生产中注意防止近交衰退，注意强化种公羊管理，引进体型大、生长发育快的良种公羊经常串换，以避免近亲繁殖。

湖羊产羔及使用安排为：第一胎 4 ～ 5 月配种，9 ～ 10 月产羔，留种或作肥羔；第二胎 2 ～ 3 月配种，7 ～ 8 月产羔，全部屠宰剥取羔皮；第三胎 9 ～ 10 月配种，翌年 2～3 月产羔，生产肥羔，年底出售。

3）大尾寒羊　大尾寒羊原产于河北东南部、山东聊城市及河南新密市一带。主要分布于河南省平顶山市的郏县和宝丰县，河北省的威县、馆陶、邱县、大名，山东省聊城市的临清、冠县、高唐、荏平和德州市的夏津等地。

（1）品种特性　大尾寒羊被毛为白色。体躯呈长方形，体质结实，体格较大。头大小适中，额较宽，鼻梁隆起，耳宽长。公羊多有螺旋形大角，部分公羊无角。颈中等长，鬐甲低平，后躯较高，胸宽深，肋骨开张良好，背腰平直，尻长倾斜。四肢粗壮，蹄质坚实。属长脂尾，脂尾肥大，呈芭蕉扇形，下垂至飞节以下，个别拖至地面，桃形尾尖紧贴于尾沟，呈上翻状。

大尾寒羊的成年公羊脂尾重 15～20 千克，成年母羊脂尾重 4～6 千克。成年公羊、母羊体重分别为 74.43 千克、51.84 千克，周岁公羊、母羊分别为 53.95 千克、44.70 千克。多数羊全身皆白，可生产优质的"寒羊毛"。毛皮加工后质地柔软、美观、轻便、保暖，富有弹性，毛股结实，不易变形和脱落。公羊 6～8 月龄、母羊 5～7 月龄性成熟；公羊初配年龄 18～24 月龄、母羊初配年龄 10～12 月龄。母羊常年发情，发情周期 18～21 天，妊娠期 145～150 天；一年产 2 胎或两年产 2 胎者居多，以河南大尾寒羊产羔率和羔羊成活率最高，分别为 205% 和 99%。

（2）生产性能　大尾寒羊成年羊体重和体尺见表4-3、大尾寒羊周岁羊屠宰性能见表4-4。

表4-3　大尾寒羊成年羊体重和体尺

性别	只数	体重（千克）	体高（厘米）	体长（厘米）	胸围（厘米）	尾长（厘米）	尾宽（厘米）	骨肉比
公	31	74.0±14.1	85.0±11.5	83.0±8.6	91.9±13.2	35.7±5.4	32.3±4.9	1:5.48
母	150	58.0±6.9	71.0±6.1	75.0±8.3	88.0±9.4	32.0±5.9	29.6±5.3	1:5.41
平均	40	51.02	25.07	21.19	3.88	49.14	84.51	1:5.44

表4-4　大尾寒羊周岁羊屠宰性能

性别	只数	宰前活重（千克）	胴体重（千克）	屠宰率（%）	净肉率（%）
公	8	55.4±9.3	28.9±7.1	52.2	42.8
母	12	56.3±3.9	29.7±4.6	52.8	46.0

2.国内常见肉用山羊品种

1）黄淮山羊　黄淮山羊原产于黄淮平原的广大地区，中心产区是河南省周口市的沈丘、淮阳、项城、郸城和安徽省的阜阳市等地，故又名徐淮白山羊、安徽白山羊和河南槐山羊。

（1）品种特性　黄淮山羊结构匀称，骨骼较细。鼻梁平直，眼大，耳长而立，面部微凹，下颌有髯。分有角和无角两个类型，67%左右有角。有角者，公羊角粗大，母羊角细小，向上、向后伸展呈镰刀状；无角者，仅有 0.5 ～ 1.5 厘米的角基。公羊头大颈粗，胸部宽深，背腰平直，腹部紧凑，体躯呈桶形，外形雄伟，睾丸发育良好，有须和肉垂。母羊颈长，胸宽，背平，腰大而不下垂，乳房大，质地柔软。毛被白色，毛短有丝光，绒毛很少。

（2）生产性能　黄淮山羊初生重：公羔平均体重为 2.6 千克，母羔平均体重为 2.5 千克。2 月龄公羔平均体重为 7.6 千克，2 月龄母羔平均体重为 6.7 千克。成年公羊平均体重为 33.9 千克，成年母羊平均体重为 25.7 千克。

黄淮山羊性成熟早，初配年龄一般为 4 ～ 5 月龄。发情周期为 18 ～ 20 天，发情持续期为 24 ～ 48 小时。妊娠期为 145 ～ 150 天。母羊产羔后 20 ～ 40 天发情。能一年产 2 胎或两年产 3 胎。产羔率平均为 238. 66%，其中单羔占 15. 41%，双羔占 43. 75%，3 羔以上占 40. 84%。繁殖母羊的可利用年限为 7 ～ 8 年。

产区习惯于春季生的羔羊冬季屠宰，一般在 7 ～ 10 月龄屠宰，肉质鲜嫩，膻味小。个别也有到成年时屠宰的。7 ～ 10 月龄的羯羊宰前平均体重为 16.0 千克，胴体平均体重为 7.5 千克，屠宰率平均为 47. 13%。成年羯羊宰前平均体重为 26. 32 千克，屠宰率平均为 45. 90%；成年母羊屠宰率平均为 51. 93%。

板皮质量好，每张板皮可分 6 ～ 7 层，是世界上高级"京羊革"和"苯胺革"的原料，也是我国大宗出口产品。

黄淮山羊以舍饲为主，适应性强，采食能力强，抗病力强，肉质鲜美，遗传稳定等优点深受黄淮流域广大农民的欢迎。为充分利用该品种，应开展选育工作，提高产肉性能，推行羔羊肉生产。

在选育工作过程中，应充分考虑提高肉用性能的同时，注意杂交强度和与配羊的品种性能，尤其不能因片面强调产肉性能而导致板皮质量下降。

2）南江黄羊　南江黄羊是四川南江县以纽宾奶山羊、成都麻羊、金堂黑山羊为父本，南江县本地山羊为母本，采用复杂成杂交方法培育的，后又导入吐根堡奶山羊的血液，经过长期的选育而成的肉用型山羊品种，是目前中国山羊品种中产肉性能较好的品种之一。1995 年 10 月经过南江黄羊新品种审定委员会审定，1996 年 11 月通过国家畜禽遗传资源管理委员会羊品种审定委员会实地复审，1998 年 4

月被农业部批准正式命名。

（1）品种特性　南江黄羊全身被毛黄褐色，毛短富有光泽。颜面黑黄，鼻梁两侧有一对称的浅黄色条纹。公羊颈部及前胸被毛黑黄粗长，枕部沿背脊有一条黑色毛带，十字部后渐浅，头大小适中。母羊颜面清秀，大多数有角，少数无角，耳较长或微垂，鼻梁微隆。公母羊均有毛髯，少数羊颈下有肉髯。颈长短适中，与肩部结合良好；胸深而广，肋骨开张；背腰平直，尻部倾斜适中；四肢粗壮，蹄质结实。体质结实，结构匀称。体躯略呈圆筒形。公羊额宽，头部雄壮，睾丸发育良好。母羊乳房发育良好。

（2）生产性能　南江黄羊有体格高大、生长发育快、产肉性能好、繁殖力高、板皮品质优、适应范广等优点。推广到全国 20 多个省、自治区、直辖市，反映良好。耐寒、耐粗饲、采食力与抗逆力强，适应范围广。不仅适应我国南方亚热带农区，也适应北方亚热带向北温带过渡暖温带湿润、半湿润生态类型区。

南江黄羊生长发育快。周岁公羊体重为 37.72 千克，周岁母羊体重为 30.75 千克；成年公羊体重为 67.07 千克，成年母羊体重为 45.60 千克。产肉性能好，肉质细嫩，适口性好。周岁公羊、母羊胴体重分别为 14.32 千克和 13.46 千克，屠宰率分别为 37.96% 和 43.77%，净肉率分别为 37.65% 和 37.40%。

南江黄羊性成熟较早，在放牧条件下母羊常年发情。公羊初配年龄为 12 月龄，母羊初配年龄 8 月龄。产羔率初产羊为 154.17%，经产羊为 205.35%，平均产羔率为 194.67%。高繁品系初产为 173.33%，经产为 232.78%，平均产羔率为 220.83%。与国内许多山羊品种杂交，均取得为明显的杂交优势，体重的改进率为 26.33% ~ 165.1%。

3. 引进的国外品种

1）杜泊羊　杜泊羊原产于南非，是用有角陶赛特公羊与当地的波斯黑头母羊杂交，经选择和培育而成的肉用羊品种。杜泊羊分长毛型和短毛型：长毛型羊生产地毯毛，较适应寒冷的气候条件；短毛型羊毛短，被毛没有纺织价值，但能较好地抗炎热和雨淋。大多数南非人喜欢饲养短毛型杜泊羊，因此现在该品种的选育方向主要是短毛型。

（1）品种特性　杜泊羊根据头颈的颜色，分为白头杜泊羊和黑头杜泊羊两种。杜泊羊头顶部平直、长度适中，额宽，鼻梁隆起，耳大稍垂，既不短也不过宽。颈粗短，肩宽厚，背平直，肋骨拱圆，前胸丰满，后躯肌肉发达。四肢强健而长度适中，肢势端正。杜泊羊的毛可以自由脱落，一年四季不用剪毛。

公羊 5 ～ 6 月龄性成熟，母羊 5 月龄性成熟；公羊、母羊分别为 12 ～ 14 月龄和 8 ～ 10 月龄体成熟；杜泊羊为常年发情，不受季节限制。在良好的生产管理条件下，母羊可在一年四季的任何时期产羔，母羊的产羔间隔期为 8 个月。在饲料条件和管理条件较好的情况下，母羊可达到两年 3 胎，一般产羔率能达到 150%，在一般放养条件下，产羔率为 100%。由大量初产母羊组成的羊群中，产羔率在 120% 左右。该品种具有很好的保姆性与泌乳力，这是羔羊成活率高的重要因素。

（2）生产性能　羔羊生长速度快，具有早期采食的能力，羔羊平均日增重在 200克以上，断奶体重大，特别适合生产肥羔。3.5 ～ 4 月龄的羊体重可达 36 千克，屠宰胴体约为 16 千克；4 月龄屠宰率 51%，净肉率 45% 左右，肉骨比 9.1：1，料重比 1.8：1。成年公羊和母羊的体重分别在 120 千克和 85 千克左右。胴体品质好，肉质细嫩、多汁、色鲜、瘦肉率高，被誉为"钻石级肉"。

杜泊羊具有良好的抗逆性。在较差的放牧条件下，许多品种羊不能生存时，杜泊羊也能存活。即使在相当恶劣的条件下，母羊也能产出并带好一只质量较好的羊羔。由于当初培育杜泊羊的目的在于适应较差的环境，加之这种羊具备内在的强健性和非选择的食草性，使得该品种在肉绵羊中有较高的地位。

2）萨福克羊　萨福克羊号称世界上长得最快的肉用型绵羊品种，在英国、美国是用作终端杂交的主要公羊。1888 年引入加拿大，现在为加拿大最主要的绵羊品种。

萨福克羊原产英国东部和南部丘陵地，南丘公羊和黑面有角诺福克母羊杂交，在后代中经严格选择和横交固定育成。现广布世界各地，是世界公认的用于终端杂交的优良父本品种。澳洲白萨福克是在原有基础上导入白头和多产基因新培育而成的优秀肉用品种。

（1）品种特性　萨福克羊体格大，头、耳较长，公羊、母羊均无角。颈长而粗，胸宽而深，背腰平直，腹大而紧凑，后躯发育丰满，呈桶形，四肢健壮，蹄质结实。公羊睾丸发育良好，大小适中、左右对称；母羊乳房发育良好，柔软而有弹性。体躯被毛白色，脸和四肢黑色或深棕色，并覆盖刺毛。

萨福克羊性成熟早，部分 3 ～ 5 月龄的公羊、母羊有互相追逐、爬跨现象，4 ～ 5月龄有性行为，7 月龄成熟，1 年内多次发情，发情周期为 17 天，妊娠率高，第一个发情期妊娠率为 91.6%，第二个发情期妊娠率 100%，总妊娠率 100%。妊娠周期短，一般为 144 ~ 152 天。产羔率 140%。

（2）生产性能　新疆和内蒙古等自治区从澳大利亚引入该品种羊，除进行纯种繁育外，还与国内哈萨克羊、阿勒泰羊、蒙古羊等杂交来生产肉羔，在相同的饲养管理条件下，杂种羔羊具有明显的肉用体型。用萨福克羊作终端父本与长毛种半细毛羊杂交，4 ~ 5 月龄杂交羔羊体重可达 35 ~ 40 千克，胴体重 18 ~ 20 千克。杂种一代羔羊 4 ~ 6 月龄平均体重高于国内品种 3 ~ 8 千克，胴体重高 1 ~ 5 千克，净肉重高 1 ~ 5 千克。利用这种方式进行专门化的羊肉生产，羔羊当年即可出栏屠宰，使羊肉生产水平和效率显著提高。

萨福克羊年剪毛量 2.5 ~ 3.0 千克，毛细度 56 ~ 58 支，毛纤维长度 7.5 ~ 10 厘米，净毛率 60%。萨福克羊的头和四肢为黑色，被毛中有黑色纤维，杂交后代多为杂色被毛，所以在细毛羊产区要慎重使用。

3）无角陶赛特羊　无角陶赛特羊原产于澳大利亚和新西兰，以雷兰羊和有角陶赛特羊为母本，考力代羊为父本，然后再用陶赛特公羊回交，选择所生无角后代培育而成。继承了有角陶赛特羊性成熟早、生长发育快、全年发情、耐热及适应干燥气候条件的优良特性，在注重羊毛生产及适应性要求的大洋洲很受欢迎，是肥羔生产的主要父本。我国西北等多地区已引进，适应性和杂交效果良好，是为数不多的可常年繁殖的引进肉羊品种之一。

我国在 20 世纪 80 年代末、90 年代初从澳大利亚和新西兰引入该品种，现分布于内蒙古、新疆、北京、河南、河北、辽宁、山东、黑龙江等地，适合于中国北方农区和半农半牧区饲养。

（1）品种特性　无角陶赛特羊体型大、匀称，肉用体型明显。头小额宽，鼻端为粉红色；耳小，面部清秀，无杂色毛；颈部短粗，与胸部、肩部结合良好；体躯宽，呈圆桶形，结构紧凑；胸部宽深，背腰平直宽大，体躯丰满；四肢短粗健壮，腿间距宽，肢势端正，蹄质结实，蹄壁白色；被毛为半细毛，白色，皮肤为粉红色。

公羊初情期 6 ~ 8 月龄，初次配种适宜时间为 14 月龄。公羊性欲旺盛，身体健壮，可常年配种。母羊初情期 6 ~ 8 月龄，性成熟 8 ~ 10 月龄，初次配种适宜时间为 12 月龄。发情周期平均为 16 天，妊娠期为 145 ~ 153 天。母羊可常年发情，但以春、秋两季尤为明显。保姆性强。经产母羊产羔率为 140% ~ 160%。6 月龄羔羊屠宰率为 52%，净肉率为 45.7%。

（2）生产性能　20 世纪 80 年代，新疆、内蒙古和北京等地引进了无角陶赛特公羊，饲养结果表明，冬、春季舍饲 5 个月，其余季节放牧，基本上能够适应我国大多数省区的草场和农区饲养条件。采取无角陶赛特与低代细毛杂种羊、哈萨克羊、阿勒泰羊、卡拉库尔羊、小尾寒羊和粗毛羊杂交，一代杂种具有明显的父本特征，肉用体型明显，前胸凸出，胸深且宽，肋骨开张大，后躯丰满。在新疆，无角陶赛特杂种一代 5 月龄屠宰胴体重 16.67 ~ 17.47 千克，屠宰率 48.92%。无角陶赛特与小尾寒羊杂交，效果也十分明显，一代杂交公羊 6 月龄体重为 40.44 千克，母羊体重为 35 千克。6 月龄羔羊屠宰胴体重 24.20 千克。屠宰率 54.49%。

无角陶赛特羊是适于我国工厂化养羊生产的理想品种之一，作终端父本对我国的地方品种进行杂交改良，可以显著提高产肉力和胴体品质，特别是进行肥羔生产具有巨大潜力。

4）波尔山羊　波尔山羊原产于南非，被引入德国、新西兰、澳大利亚等国，我国也有引入，是目前世界上著名的肉用山羊品种。

（1）品种特性　波尔山羊是肉用山羊品种，具有体型大，生长快，屠宰率高，肉质细嫩，繁殖率强，泌乳性能好，板皮厚，品质好，适应性强，耐粗饲，抗病力强和遗传性能稳定等特点。波尔山羊性情温驯，易于饲养管理，对各种不同的环境条件具有较强的适应性。

波尔山羊全身皮肤松软，颈部和胸部有明显皱褶，全身被毛短而密，有光泽，有少量绒毛。头颈部和耳为棕红色或棕色，允许延伸到肩胛部。额端和唇端有一条不规则的白鼻通。体躯、胸、腹部与四肢为白色，尾部为棕红色或棕色，允许延伸到臀部。尾下无毛区着色面积应达 75% 以上，呈棕红色，允许少数全身被毛棕红色或棕色。

波尔山羊颈粗，长度适中，与体长相称；肩宽肉厚，颈肩结合良好，尾根粗而平直，上翘。公羊角基粗大，角向后、向外弯曲，母羊角细而直立；公羊有髯，耳长而大，宽阔下垂。公羊阴囊下垂明显，两个睾丸大小均匀，结构良好；母羊乳房发育良好。

（2）生产性能　6 月龄公羊平均体重为 35 千克，6 月龄母羊平均体重 30 千克，成年公羊体重为 80 ~ 110 千克，成年母羊体重为 60 ~ 75 千克。

6 ~ 8 月龄活重 40 千克时屠宰率为 48% ~ 52%，成年羊屠宰率为 52% ~ 56%。皮脂厚度 1.2 ~ 3.4 毫米。骨肉比为 1 :（6 ~ 7）。

公羊 8 月龄性成熟，12 月龄以上用于配种；母羊 7 月龄性成熟，10 月龄以上配种。经产母羊产羔率为 190% ~ 230%。

波尔山羊体质强壮，适应性强，善于长距离放牧采食，适宜于灌木林及山区放牧，适应热带、亚热带及温带气候环境饲养。抗逆性强，能防止寄生虫感染。与地方山羊品种杂交，能显著提高后代的生长速度及产肉性能。

我国引入波尔山羊主要用于杂交改良地方山羊，提高后代的肉用性能，一般作为终端杂交父本使用，进行肉羊生产。也有的地方用该品种进行级进杂交，彻底改变地方山羊的生产方向和显著提高杂交后代的肉用性能。

（三）品种繁育标准化

1.影响羊繁殖的因素

1）遗传的影响　羊在繁殖力方面的差异，同遗传关系最密切。一般来讲，公羊和母羊的繁殖力强，它的后代繁殖力也强，因此可以通过选择产多羔的公羊、母羊或者选择本身就是多胎羔的公羊、母羊作种用，可以保持和改进产羔率。第一次产羔时间也往往影响终生的产羔数，如果选择发育快、初情期早的公羊、母羊时，也可以把这种早熟性传给后代。如果选择的是体格大、体质好、抗病力强的公羊、母羊，一般情况下它的后代也是如此。

近亲交配对遗传力的发挥影响很大，甚至使后代出现畸形（两性羊）和矮化，降低繁殖力。因此那些繁殖力低、体格小、体质差的羊不能作为种用，特别是种公羊要坚决淘汰。同时要严格避免近亲交配对遗传带来的影响。

2）营养的影响　营养对繁殖力的影响是多方面的，如饲料的成分以及能量、蛋白质的质量、维生素、矿物质的供应程度都对繁殖力有影响。

营养水平首先影响羔羊的发育，营养好的羊发育快，成熟早，产羔也提前，营养差则与此相反。营养水平也直接影响受胎率，也影响胎儿的发育和成活率。

公羊的精液品质，也受营养的影响，特别是蛋白质的供应程度影响更大。饲料中蛋白质丰富，则公羊射精量多，精液品质也好。一般情况下，能量供应足，蛋白质质量好，繁殖力也高，但是营养过剩时对繁殖力会起反作用，如过肥的公羊、母羊反而繁殖力低，因此，母羊不能过肥，公羊在八成膘时较为适宜。

3）光、温度的影响　光、温度与母羊的发情、排卵、胚胎成活以及胎儿的发育有较大的关系，这几个因素是相互作用，必须同时考虑。

（1）光　光照时间对发情有影响，每日光照时间在10～12小时的春、秋两季发情较多。

（2）温度 高的气温对羊的繁殖影响很大。羊在 32℃ 以上的环境里繁殖力大大下降，胚胎不能成活。据测定，种公羊在一年中，春、秋两季射精量高，精液品质也好；冬季射精量减少，在炎热的时候精子可能出现畸形，公羊的繁殖力下降。

高气温对胎儿的发育不利，如初生重减少，因此在夏季应考虑这一因素，以减少高气温的影响。过低的气温也是影响繁殖力的因素之一，当日平均温度下降到 −15℃ 时羊开始掉膘，严重时造成营养不足而降低繁殖力。

为了减少气温对繁殖力的影响，可以采取避开严冬和炎热的季节产羔和配种的办法提高繁殖力。

4）母羊年龄和胎次的影响 母羊的年龄和胎次对繁殖力的影响是比较明显的。一般情况下第一胎的产羔率相对较低，随着胎次的增加产羔率也会提高，到第四胎以后趋于稳定，到 5 岁左右时又开始下降。因此，2~4 岁的母羊，受胎率和成活率高，是繁殖的高峰期。如果母羊的繁殖力明显下降，又对后代的体质等各方面都有影响时，应育肥后处理。

5）疾病的影响 疾病是影响繁殖力的重要因素，其中母羊生殖器官的各种疾病直接影响繁殖力。公羊的生殖器官对繁殖力的影响也比较明显。一般阴囊和睾丸的温度比体温低，如果由于发热，蝇的侵袭或过度的运动而体温升高，可能造成暂时不育，因为精子的形成和发育需要 6~7 周。如果配种公羊得病，繁殖力就会降低或完全不育。布鲁氏菌病等传染病容易引起母羊流产，造成产羔率下降。

6）其他因素的影响 分娩和哺乳影响母羊的发情。羊一般在分娩后需要 23 周的时间，子宫才能恢复正常，这一期间内母羊的发情明显减少或发情的母羊往往拒绝交配。

母羊在哺乳期，对发情有一定的影响，特别是膘情差的母羊影响较大。因此，提前断奶是提高繁殖力的措施之一。

母羊和公羊经常接触，可以影响母羊的发情或排卵，因为母羊从视觉、听觉和嗅觉上有心理刺激，因此在饲养中有意让母羊接近公羊或羯羊，可促使母羊提前发情和排卵。

2. 配种技术

1）初次配种年龄 开始形成性细胞和性激素叫作性成熟。凡是性已成熟时就能配种、怀胎并繁殖后代。但是性成熟并不意味着就是到了适宜的配种年龄，因为这一时期羊的身体并没有充分发育。生产实践证明，幼畜过早配种不仅阻碍其本身的生长发育，而且严重地影响后代，但是过迟，到了成年开始配种，经济收入会受到影响。

一般情况下，好的品种，母羊6月龄，公羊8月龄就可以配种，生长慢、发育差的羊可适当推迟配种年龄。

2）配种时间

（1）发情征状　羊的发情表现一般是：食欲不振，精神不安，阴唇黏膜红肿，阴户有黏性分泌物流出。一般发情母羊喜欢接近公羊，公羊追逐和爬跨时不动。与病羊的区别是：发情母羊食欲减退、精神欢，病羊是食欲不振而且发蔫。

（2）交配的时机　母羊发情持续期2天左右，但个体间差异较大。排卵一般是在发情结束前后的几小时。成熟的卵细胞在输卵管中存活的时间为4～8小时。公羊的精子在母羊的生殖道内受精作用最旺盛的时间为24小时左右。为了使精子和卵子得到充分结合的机会，最好在排卵前数小时内交配，比较适宜的时机是发情中期，但是实际上很难做到，因此发情期内应多次交配。如果一个月内（一般17天左右）不再发情，则已受胎，受胎羊除极个别外不再发情。

（3）适宜的配种季节　4月末至5月，10月末至11月是最适宜的配种季节，这样产羔的时间分别为9月末、10月、翌年的2月末及3月，既避开了炎热的季节配种，也不在严冬季节产羔；既提高了受胎率，又能提高成活率。

3）配种方法

（1）自由交配　自由交配是指公羊和母羊自己来选择交配的时间，不需要人工辅助，随时随地自由进行交配。这种交配方法省去了不少人工和精力，但是受胎率较低。同时自由交配不能推算产期，给管理方面带来一定的困难。

（2）人工辅助交配　用人工辅助的办法进行交配，是提高受胎率的很好办法。这种方法不仅提高了成功率，也可确定预产期。具体办法是：当公羊爬跨时，一只手将圆盘状尾巴向上翻的同时另一只手护住颈下前躯。这种交配方法，在发情征状不明显的情况下不易掌握交配时间，解决的办法有3个：一是注意观察母羊的发情表现，特别是察看外阴唇是否有黏膜红肿，如的确有，说明母羊发情，可进行交配；二是在舍饲和放牧过程中，有母羊接近公羊或公羊追逐母羊等表现时及时交配；三是在公羊、母羊分群饲养的情况下，早晚和放牧前后，有意把公羊放出进行试情，如有发情羊及时交配。

（3）人工授精　人工授精是将公羊的精液用假阴道采集后，经过稀释再输入母羊的生殖道内，使母羊受胎的一种方法。

人工授精的方法有以下几个优点：一是增加了交配母羊的数量而扩大了优良种公羊的利用率；二是可以提高母羊的受胎率；三是通过检查公羊的精液，可以避免精液品质不良而造成的不育；四是可以节省饲养种公羊的费用；五是可以避免在交配时，由于公羊、母羊直接接触可能传播各种疾病。

4）早期妊娠诊断　早期妊娠诊断有两种办法。一种是观察母羊配种后的一个月之内是否再次发情，如不再发情可能是已经妊娠，但是这种方法可靠性不是100%。因为母羊的发情受各种因素的制约，不发情也不一定妊娠，有的羊因气候、饲料、疾病的原因可能不再发情。也有个别妊娠羊发情的。另一种办法是检查巩膜。当翻开母羊上眼皮，观察巩膜上的血管时，若在瞳孔正上方有了根竖立的、较粗大的微血管充盈而凸起于巩膜表面，并呈紫红色，这是怀孕的征兆。这种现象由妊娠起一直持续到产后 1 周左右。空怀母羊的巩膜没有这种现象，且其微血管也很小而不显露，并呈淡红色。用此办法诊断，准确率在 97% 以上。

3. 羊频密产羔技术体系　随着畜牧业生产集约化程度的不断提高，人们对家畜的生命活动控制程度越来越高，家畜受自然条件的影响也越来越小。长期以来，由于自身的放牧特点，养羊业在很大程度上受到自然环境的直接影响。大多品种的肉羊都表现为明显的季节性发情，一般集中在 8 ~ 10 月，空怀期可长达数月，严重影响了养殖肉羊的经济效益。

羊频密产羔技术是集营养、管理和繁殖技术为一体，高强度提高羊繁殖性能的一项综合技术。该技术主要是采用一定的繁殖技术，使羊一年四季均可发情配种，缩短相邻两胎产羔间隔时间，全年均衡产羔，增加其产羔数，高效发挥羊的繁殖效率，达到一年两产、两年三产或三年五产的目的。羊频密产羔技术的核心是母羊产后发情调控和羔羊早期断奶。

实施羊频密产羔技术体系能够发挥母羊最大的繁殖潜能，充分利用现有基础设施缩短产仔间隔，提高劳动生产率，便于规模化、集约化生产，降低成本，并提高资金周转效率。

1）羊频密产羔技术体系的分类

（1）一年两产技术体系　从理论上讲，母羊妊娠期平均为 150 天左右，发情周期不超过 25 天，母羊的产后第一次发情可在 60 天以内实现，那么，在一年的 12 个月内实现母羊繁殖 2 次是可能的。生产中，在良好的饲养管理条件下，多胎品种的部分母羊可年产 2 胎。

一年两产技术体系可使母羊的年繁殖率提高 25% ～ 30%。一年两产体系技术密集，难度大，但只要按照标准程序执行，可以达到一年两产的目标。按照一年两产的要求，应制订周密的生产计划，将饲养、兽医保健和管理等融为一体，最终达到预定的生产目标。

一年两产的第一产宜选在 12 月，第二产选在 7 月。张居农在山区农场选择 140 只母羊进行一年两产试验，分别于 2001 年 8 月和 2002 年 3 月埋植孕酮阴道栓（CIDR）诱导发情。试验结果表明，第一产 140 只处理母羊产羔 231 只，繁育率 165%；第二产结果表明，选择的母羊经过诱导发情处理后，99 只母羊第二产的繁殖率达到 37.7%。试验 140 只母羊一年两产的繁育率达到 202.37%。

由于母羊产后的生理恢复时间都在 1 个月以上，因此，一般管理粗放和饲养水平达不到一定标准的规模养羊场（户），比较难以实现母羊常年一年两产模式。

（2）两年三产技术体系　对四季发情的种羊而言，是常选用的繁殖模式。母羊产羔间隔 8 个月，两年正好产羔 3 次，一般要求羔羊 45 ～ 60 日龄断奶，母羊在羔羊断奶后 1 个月配种。该技术体系一般有固定的配种和产羔计划：如 5 月配种，10 月产羔；1 月配种，6 月产羔；9 月配种，翌年 2 月产羔。

为了达到全年的均衡产羔，在生产中，将羊群分成 8 月产羔间隔相互错开的 4 个组，每 2 个月安排一次同期发情，这样每隔 2 个月就有一批羔羊屠宰上市。如果母羊在第一组内妊娠失败，2 个月后可参加下一组配种。用该体系组织生产，生产效率比一年一产体系增加 40%。

（3）三年五产技术体系　三年五产技术体系又称为星式产羔体系，是一种全年产羔的方案，由美国康乃尔大学的伯拉·玛吉设计提出。母羊妊娠期的一半约为 73 天，也正是一年的 1/5，每年被分为 5 期，每期 73 天。规模养羊可把繁殖母羊群分为 3 组，第一组繁殖母羊在第一期产羔，第二期配种（间隔 73 天），第四期产羔，第五期再次配种；第二组繁殖母羊在第二期产羔，第三期配种，第五期产羔，第一期再次配种；第三组繁殖母羊在第三期产羔，第四期配种，第一期产羔，第二期再次配种。能做到这样后，可如此周而复始，产羔间隔时间为 7.2 个月。这对于一胎产一羔的绵羊，一年可获得 1.67 只羔羊；对一胎产双羔的绵羊，1 年可获 3.34 只羔羊。

2）母羊产后诱导发情技术　母羊产羔后，下丘脑、垂体、卵巢轴及生殖道均需从妊娠和分娩状态中恢复。产乳造成的能量负平衡使母羊体重下降，而体重下降与产后首次排卵间隔有关。能量不足对下丘脑—垂体—卵巢轴产生抑制，促性腺激素（GnRH）、促黄体素（LH）分泌不足，卵泡发育受阻，不能发情和排卵，从而造成母羊产后乏情，因此，需要母羊产后诱导发情。

（1）产后诱导发情的意义

①刺激母羊子宫防御系统和卵巢机能，使产后母羊子宫和卵巢等生殖系统得到及早恢复，使产后母羊发情。

②临床上外源激素，如 GnRH 或其类似物，还可以用于治疗卵巢囊肿等疾病。

③生殖激素诱导产后同期发情、同期配种和同期产仔，便于生产管理。

（2）产后诱导发情的方法　目前，生产上较常使用的方法是，从产后第四十五天开始，在母羊群中投放结扎输精管的试情公羊，在母羊阴道内投放含黄体酮的 CIDR 栓，在产后第五十八天每只羊注射孕马血清促性腺激素（PMSG）500 单位，第六十天取出 CIDR 栓，即可诱导母羊发情配种，从而使母羊产羔间隔缩短至 210 天左右。有研究表明，应用该法处理 85 头波尔山羊，结果所有母羊均发情，配种后的受胎率达 73.3%。该法不仅诱导发情的效果好，而且可以提高产羔率。

GreylingJ.P.C 等研究产后 1 个月以上的泌乳母山羊，在耳背皮下埋植 60 毫克 18- 甲基炔诺酮药管，维持 9 天，在取出药管前 48 小时，每千克体重肌内注射 PMSG 15 单位，同时再以 2 毫克溴隐亭，间隔 12 小时，分 2 次注射，母羊出现发情时，静脉注射促排 3 号 10 微克／只，并配种，诱导发情率可达 90% 以上。

（3）激素诱导产后发情注意事项　母羊在春季产羔之后进入乏情季节，子宫活动性降低，子宫颈紧闭，产后出血在子宫中形成的残留物质则由于不能通过子宫颈而残留在子宫中。此时用阴道内海绵栓诱导发情不是最佳的处理方法，海绵可能会成为子宫中残留物通过的屏障，会妨碍子宫复旧，也不利于阴道黏膜吸收孕激素。因此，母羊产后诱导发情适宜使用 CIDR，阴道内的液体可以不受阻碍地流出，对母羊子宫复旧不会有不利影响。

3）羔羊早期断奶技术　早期断奶是针对传统的断奶模式而言的，就是使羔羊随母哺乳的时间相对缩短，从而缩短母羊的产后乏情期，诱发其提早发情和排卵，提早配种，从而提高繁殖效率。

哺乳会刺激乳房上的神经末梢，使神经冲动上传，从而引起下丘脑和垂体前叶的分泌增强，导致 GnRH 和 LH 的分泌受到抑制，进而使卵巢功能受到抑制，卵泡发育停止，从而引起泌乳性乏情。因此，哺乳期的母羊一般很少有明显的发情表现。我国传统的羔羊断奶模式为4月龄断奶，个别养羊农户甚至根本就不采取任何断奶措施，羔羊出生后一直随母哺乳直至母羊干奶为止，这就延长了母羊的产后乏情期，不利于养羊生产的产业化。一般情况下，母羊可在羔羊断奶2周后出现首次发情，实施早期断奶技术可以诱发母羊产后提早发情，提高母羊的繁殖效率。

（1）羔羊早期断奶的意义　羔羊早期断奶，可以显著改善母羊的营养状况，缩短产羔间隔，促使母羊产后及早发情，从而提高母羊的繁殖效率。这不仅能充分发挥母羊的繁殖潜力，还能降低饲养成本，提高经济效益。实施羔羊早期断奶技术还可以为生产优质肥羔肉打好基础，与国际养羊业接轨，实现养羊生产的产业化。

（2）羔羊早期断奶的模式　羔羊早期断奶技术是20世纪60年代后期出现的一项新技术，经过几十年的发展，人们提出了多种早期断奶模式。根据羔羊的断奶日龄可将其粗略划分为7日龄断奶、30~40日龄断奶、60日龄断奶等几种模式。在生产实践中，不同品种的羊要采用不同的早期断奶模式。

①7日龄断奶模式。要保证羔羊吃到初乳，因为初乳营养丰富，而且其中含有大量的免疫球蛋白和丰富的矿物质元素，可增加羔羊对疾病的抵抗力，提高成活率。由于7日龄断奶除需用代乳品进行人工育羔外，对舍饲的条件要求也较高，容易造成羔羊的死亡，因此这种模式在我国推行还有一定的困难。

②30~40日龄断奶模式。在有相应的营养水平做保障的前提下，羔羊采取30~40日龄断奶模式在生产上是可取的。

③60日龄断奶模式。小尾寒羊可在60日龄断奶，波尔山羊羔可在45~60日龄断奶。国外一般推行6~10周龄断奶。

另外，羔羊断奶时的体重也是决定采取何种断奶模式的一个重要参数。半细毛改良羊公羔体重达15千克以上、母羔达12千克以上；小尾寒羊母羔体重达14~15千克、公羔体重达16~17千克可以断奶。

总之，要进行早期断奶必须考虑羔羊的生长发育，在不影响羔羊正常生长发育的前提下，适当提早断奶日龄。一般绵羊在羔羊断奶后2周左右会出现首次发情，在此期间可将公羊、母羊同圈饲养，以刺激母羊及早发情，以便抓住产后发情受配的良好时机。此外，在早期断奶的同时，再辅以诱导发情、诱发排卵等发情控制技术效果更佳。

（3）羔羊早期断奶的方法　有一次性断奶法、逐渐断奶法和交叉断奶法。

①一次性断奶法。将母羊和羔羊分开后，不再合群，经过 4 ~ 5 天，断奶成功。羔羊断奶后，要把羔羊留在原舍饲养，母羊和羔羊的圈舍与放牧地点之间要有一定的距离，以防相互呼叫，影响各自的采食和休息。对于泌乳量大的母羊，在羔羊断奶后要进行人工排乳，以防发生乳腺炎。

②逐渐断奶法。将母羊和羔羊白天分开，夜间合群，或是将母羊和羔羊分开几小时以后，再合群几小时，此法可在一定程度上避免羔羊应激反应和母羊乳腺炎的发生。

③交叉断奶法。将两群母羊和羔羊互换，采用该法时同样应注意将羔羊留在原舍饲养和保持母、仔圈舍之间的距离。

（4）羔羊早期断奶注意事项　羔羊可在 7 ~ 10 日龄开始训练采食草料，15 ~ 20 日龄可补饲精饲料，以刺激其消化器官的发育，促进心、肺功能的健全。补饲时应注意草料的适口性、多样性、营养性，而且要易于消化，同时要做到少食多餐，保证提供充足清洁的饮水。羔羊断奶后，一般要有 5 ~ 7 天的适应期，此时要让羔羊逐步适应断奶后的饲料，不要突然改变料型，精饲料的比例要逐步加大。另外，断奶后要尽早地做到公羊、母羊分群，以免发生早配。同时，还要做好驱虫、防疫、去角、断尾、去势等一系列工作，确保羔羊的生长不出问题。

4. 同期发情技术　羊同期发情技术就是利用外源激素制剂及其类似物，人为地控制和调整一群母羊自然的发情周期，使它们在特定的时间内集中发情并排卵。同期发情技术是提高羊繁殖率和养羊生产管理水平的一项有效技术措施，已广泛应用于养羊业生产。同期发情、同期配种、同期产羔也便于生产的组织和管理。因此，同期发情技术是现代化、工厂化养羊不可缺少的技术手段之一。

1）同期发情的意义　同期发情的意义有以下 3 方面：

（1）有利于人工授精技术的推广，促进肉羊品种改良　同期发情可以促进人工授精技术更广泛应用，使人工授精成批集中进行，有利于利用生产性能高的品种公羊来杂交改良，以提高繁殖力。特别是边远地区肉羊饲养分散，交通不便，母羊自然发情出现的时间参差不齐，给人工授精技术的开展带来很大不便，同期发情技术则可解决这些难题。

（2）有计划、合理地组织配种，为集约化生产带来方便　对大型养羊场来说，集约化生产是提高经济效益的重要手段之一。利用同期发情技术，有计划、合理地组织配种，使同期出生的羔羊整齐成批地进行培育、出栏，为集约化生产带来方便。

（3）是胚胎移植技术的关键环节　胚胎移植技术的一个关键环节是通过同期发情，使供、受体母羊的生殖器官处于相同的生理状态，为胚胎提供正常发育的生理环境。

2）同期发情的生理基础　在羊的繁殖期，根据其卵巢的活动，母羊的一个发情周期可划分黄体期和卵泡期。黄体期约占整个发情周期的70%，在黄体期，黄体分泌黄体酮，抑制卵泡的发育；卵泡期是在周期性黄体退化，黄体酮分泌减少之后，卵泡迅速生长发育，最后成熟并导致排卵，此时母羊才能表现发情并伴随有行为、形态上的一系列明显变化。

在自然条件下，单个母羊的发情是随机的。对于具有一定数量、生殖机能均正常且未妊娠和正处于繁殖季节的母羊群体来说，几乎每天都有一定数量的母羊出现发情。如山羊的发情周期平均为21天，如果不用同期发情处理，每天平均应有4.7%的母羊发情；绵羊的发情周期平均是17天，平均每天有5.9%的羊发情。因此，大多数母羊均处于黄体期或卵泡期，人为地控制黄体期的长短，就可以改变母羊发情的随机性，达到发情同期化的目的。

3）同期发情的方法　目前，主要有孕激素法处理法和前列腺素（PG）处理法。

（1）孕激素处理法　孕激素处理法是用外源孕激素维持黄体分泌黄体酮，人为地延长黄体期，抑制卵泡的发育和发情，经过一定时期同时停药，体内孕激素迅速下降，卵泡开始生长发育并成熟，母羊表现同期发情。为了提高同期发情的效果，孕激素处理时，常配合使用能促使卵泡发育的PMSG和消融黄体的PG。

现在人工合成的孕酮类似物质，主要有甲孕酮（MAP）、甲地孕酮（MA）、氯地孕酮（CAP）、氟孕酮（FGA）、18-甲基炔诺酮、16次甲基甲地孕酮（MGA）等。这些人工合成的孕激素功能与孕酮类似，但其效率往往还大于孕酮。同时有乳剂、丸剂、粉剂、栓剂等不同剂型，由于剂型不同，孕激素给药处理的方法也不同，有口服、肌内注射、皮下埋植和阴道栓塞等。不同种类药物的用量是：甲孕酮40～60毫克、甲地孕酮80～150毫克、氟孕酮30～60毫克、18-甲基炔诺酮30～40毫克。

①口服孕激素。每日将定量的孕激素药物拌在饲料内，通过母羊采食服用，持续12～14天，每日用药量应是前述药物总用量的1/10～1/5，最后一天口服停药后，随即注射PMSG 400～750单位。这种方法可用于舍饲母羊，如果单个饲喂，则费时、

费工；而群体饲喂会造成个体摄入量不准确，故在生产中一般不采用此方法。

②肌内注射。一般乳剂常用于肌内注射。每日将孕激素药物按口服量的 2/3 注射到羊的皮下或肌肉中，持续 10 ~ 12 天停药。这种方法剂量易控制，也较准确，但需要每日操作处理，比较麻烦，难以在生产中对大群母羊进行应用。

国内生产的肌内注射"三合激素"只需处理 1 ~ 3 天，大大减少了操作日程，较为方便。但"三合激素"的同期发情率却偏低，在注射后 2 ~ 4 天部分羊能出现发情。

③耳背皮下埋植法。埋植物一般为含有 3 毫克甲基炔诺酮的硅橡胶棒，将其埋植于羊的耳背皮下，经 6 ~ 15 天取出，同时视体重注射 350 ~ 1 000 单位 PMSG，2 ~ 3 天的发情率可达 90% 以上。

研究证明，在非繁殖季节用 18- 甲基炔诺酮处理母羊，并配合注射 PMSG（每千克体重 15 单位），可使山羊同期发情率达到 97.6%。

④阴道栓塞法。目前生产上使用最多的就是阴道栓塞法。在羊发情周期的任意一天，将孕激素阴道栓放置在被处理羊的阴道深部宫颈外口，8 ~ 14 天取出；取栓的前 2 天，每只羊注射 PMSG 250 ~ 400 单位；在取栓的同时，颈部肌内注射氯前列烯醇 0.1 毫克。这种方法比只用阴道栓同期发情效果好。

常用的孕激素阴道栓有原产新西兰的 CIDR（孕激素装置，形状似"Y"形，羊用每个黄体酮含量为 300 毫克）和国产的孕激素海绵栓两种。孕激素阴道栓及其放置工具见图 4-1。也可自制海绵栓，方法是将乳剂或其他剂型的孕激素按剂量制成悬浮液，然后用泡沫海绵浸取一定药液，用尼龙细线把阴道栓连起来。使用时将阴道栓塞进阴道深处子宫颈外口，尼龙细线的另一端留在阴户外，以便停药时拉出栓塞物。海绵栓

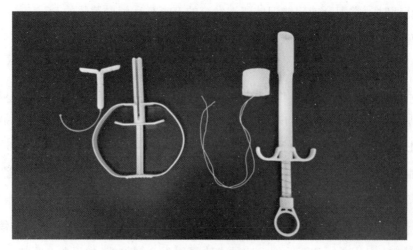

图 4-1　孕激素阴道栓及其放置工具

便宜，但会阻碍子宫和阴道分泌物排出，易和阴道内膜发生粘连，造成感染和取栓困难，一定程度会影响受精，因此在放海绵栓之前可用 30% 长效土霉素注射液浸泡一下或在栓上涂抹些红霉素，可有效防治粘连和感染。CIDR 价格稍贵，但效果稳定，一般在处理胚胎移植供体羊时使用。

王玉琴（2005）用无角陶赛特羊作供体羊，蒙古羊作受体羊，将 CIDR 和海绵阴道栓放置于母羊阴道中 12 天后撤栓。供、受体羊同期发情效果见表 4-5。

表4-5　供、受体羊同期发情效果

项目	CIDR		海绵阴道栓	
	供体羊	受体羊	供体羊	受体羊
试验羊数（只）	38	175	97	435
同期发情率（%）	95.00	92.10	97.00	89.68
发情时间范围（小时）	13～38	18～84	13～32	13～38
从撤栓到发情开始的间隔时间（小时）	20.12±2.95	49.32±18.96	18.70±2.47	51.04±22.03

人工合成的孕激素，即外源孕激素作用期太长，将改变母羊生殖道环境，使受胎率有所降低。因此，可以在药物处理后的第一个发情期过程中不配种，待第二个发情期出现时再实施配种，这样既有相当高的发情同期率，受胎率也不会受影响。

（2）前列腺素（PG）处理法　前列腺素处理法是利用前列腺素及其类似物显著溶解黄体和促进排卵的作用，使处于不同黄体期水平母羊的黄体同时消退，从而同时进入卵泡发育期，同时发情、同时排卵。

应用 PG 对母羊进行同期发情处理，必须是在母羊已有发情周期并正处于黄体期。一般绵羊只有在发情周期 4～16 天的黄体才可被 PG 迅速溶解，处理才有效，其他时间（4 天以下、17 天以上）的黄体对 PG 不敏感。对于处于自然发情周期的羊群，由于正好在黄体期的羊约占整个羊群的 70%，因此，一次注射 PG 0.1～0.2 毫克 / 只，1～5 天可获得约 70% 的羊同期发情。

生产中常使用 PG 二次注射法，在羊发情周期的任一天，颈部肌内注射氯前列烯醇 0.1～0.2 毫克，间隔 9～12 天第二次注射氯前列烯醇 0.1～0.2 毫克，可获得 90% 以上的同期发情率。二次注射法比一次注射法同期发情效果好，原因是一次注射法对羊进行同期发情时，部分不发情的羊，在间隔 9～12 天，其黄体刚好在 4～16 天的黄体期，因此再次注射氯前列烯醇，绝大部分羊都能发情，效果良好。

值得注意的是，对于规模化羊场发情周期确切的羊群，在发情周期的 5 ~ 16 天一次注射 PG，也可获得良好的同期发情率；另外，由于 PG 显著的溶解黄体作用，会导致妊娠母羊流产，因此必须在确认母羊属于空怀时才能使用 PG 来处理。

3）发情鉴定方法　母羊在同期发情处理后，要进行发情鉴定，以便于准确配种。羊的发情鉴定主要有外部观察法、阴道检查法和公羊试情法 3 种，有时这 3 种方法要配合使用。

（1）外部观察法　主要观察母羊外部表现和精神状态，从而判断其是否发情和发情程度。发情母羊常表现为兴奋不安，对周围外界的刺激反应敏感，常咩叫，举尾弓背，频频排尿，食欲减退。放牧的母羊离群独自行走，喜主动寻找和接近公羊，愿意接受公羊交配，并摆动尾部，后肢叉开，后躯朝向公羊，当公羊追逐或爬跨时站立不动。泌乳母羊发情时，泌乳量下降，不照顾羔羊。羊的发情期短，外部表现不明显，因此常结合试情法进行发情鉴定。

（2）阴道检查法　将开膣器插入母羊阴道，观察其阴道黏膜的色泽和充血程度，如阴道黏膜的颜色潮红充血，黏液增多，子宫颈松弛等，可以判断母羊已发情。在检查时，器械要经灭菌消毒，插入时要小心谨慎，以免损伤阴道壁。但由于阴道检查法不能准确地判断母羊的排卵时间，只能是在必要时作为辅助性的检查手段。

（3）公羊试情法　根据母羊对试情公羊的反应行为来判定其是否发情。这种方法简易可行，有相当高的准确性。除此之外，试情公羊还能起促进母羊发情和排卵的作用。在配种期内，可每天定时（清晨 1 次或上、下午各 1 次）将试情公羊放入母羊群中，让公羊自由接触母羊，将接受公羊爬跨或被试情公羊追赶的发情母羊及时抓出配种。

试情公羊一般选用 2 ~ 4 岁休质健壮、性欲旺盛、无恶癖的非种用公羊，一般每 100 只母羊配备试情公羊 3 ~ 5 只，试情时可分批轮流使用。试情公羊需做输精管切断手术或戴试情布。试情布一般长 60 厘米、宽 40 厘米，四角缝上布带，拴在试情公羊腰部，将阴茎兜住，不影响公羊行动、爬跨和照常射精。每次试情完毕，要及时解下试情布，洗净晾干。

5. 羊人工授精技术　目前，羊人工授精技术在规模化羊场已较广泛应用，以精液常温和低温保存为主；羊的冷冻精液人工授精技术虽然有个别羊场为了加速品种改良而应用，但因受胎率过低，未能像牛的冷冻精液人工授精技术一样广泛开展。

1）人工授精的意义　羊人工授精的意义有以下几点：

（1）提高种公羊的配种效率，增加配种母羊的数量　人工授精通过改变肉羊的交配过程，大大提高优秀种公羊的配种效率。公羊每次射精量为 0.8 ~ 1.8 毫升，每毫升精液中含有 25 亿 ~ 40 亿个精子，人工授精母羊每一输精剂量要求含有效精子数 0.85 亿 ~ 1 亿个，如果以种公羊每次采精量平均为 1 毫升计算，理论上就可给 20 ~ 40 只母羊进行人工授精。

（2）加速肉羊杂交改良，加快育种进程　由于人工授精极大地提高了公羊的配种能力，使优秀种公羊配种母羊的数量大大增加，进而扩大了良种遗传基因的影响，从而加快育种工作的进程。

（3）减少种公羊饲养量，降低成本　一般优良品种种公羊价格昂贵，饲养成本也高。采用人工授精技术，每头种公羊可配的母羊数增多，相应减少了饲养种公羊的数量，同时也降低了饲养管理费用。

（4）防止各种疾病，特别是生殖道传染病的传播　由于采用人工授精技术使公羊、母羊不接触，且人工授精有严格的技术操作规程要求，因此可避免参加配种的公羊、母羊之间发生疾病的传播。

（5）有利于提高母羊的受胎率　人工授精既能克服公羊、母羊自然交配中因体格相差太大而不易交配或生殖道某些异常不易受胎的困难，又可发现繁殖障碍，以便采取相应的治疗措施减少不孕。人工授精所用的发情母羊事先要经过发情鉴定，掌握配种适宜时机，所用的精液均经检查合格。因此，人工授精可使母羊的配种受胎率得到提高。

（6）扩大种公羊配种范围　保存的种公羊精液，尤其是冷冻精液，便于携带和运输，可使母羊配种不受地区的限制，有效地解决无种公羊或种公羊不足地区的母羊配种问题。

2）羊场人工授精场所与物品准备

（1）人工授精场所　主要包括采精（输精）室和实验室两部分。采精（输精）室面积为 30 ~ 40 米²，要求宽畅、明亮、地面平整、安静、清洁，备有台羊保定架、输精架和假台畜等设施，附设紫外线照射杀菌设备。实验室要求面积 8 ~ 10 米²，屋顶、墙壁平整清洁，室温应保持在 18 ~ 25℃，设置紫外线照射杀菌设备。

羊场实际生产中，采精（输精）室可因地制宜，采用敞开棚舍，或直接在室外进行，选择某一开阔地，固定好台羊保定架或人工保定台羊，即可采精；输精可直接在母羊圈中进行，更加方便。但实验室必须在室内，且备有必需的检精设备。

（2）人工授精所需设备、药品　羊人工授精站所需主要仪器、设备和物品见表4-6、羊人工授精站所需药品及试剂见表4-7。

表4-6　羊人工授精站所需主要仪器、设备和物品

序号	名称	规格	数量
1	显微镜	300～600倍	1架
2	纯水仪	小型	1套
3	天平	0.1克～100克	1台
4	假阴道外壳		4个
5	假阴道内胎		8～12条
6	假阴道塞子（带气嘴）		6～8个
7	玻璃输精器	1毫升	8～12支
8	输精量调节器		4～6个
9	集精杯		8～12个
10	金属开膣器	大小两种	各2～3个
11	温度计	100℃	4～6支
12	载玻片		1盒
13	盖玻片		1～2盒
14	酒精灯		2个
15	玻璃量筒	50毫升，100毫升，500毫升	各1个
16	玻璃漏斗	8厘米，12厘米	各1～2个
17	漏斗架		1～2个
18	广口玻塞瓶	125毫升，500毫升	4～6个
19	细口玻塞瓶	500毫升，1 000毫升	各1～2个
20	玻璃三角烧瓶	500毫升	2个
21	烧杯	500毫升	2个
22	带盖不锈钢杯	250毫升，500毫升	各2～3个
23	不锈钢托盘	20厘米×30厘米	2个

序号	名称	规格	数量
24	不锈钢托盘	40厘米×50厘米	2个
25	普通蒸锅	27～29厘米，带蒸笼	1个
26	高压锅	28厘米	1个
27	血球计数板		1套
28	手握计数器		2个
29	热水瓶		各2个
30	长柄镊子		2把
31	剪刀	直头	2把
32	吸管	1毫升	2支
33	水浴锅	小型	1个
34	玻璃棒	0.2厘米，0.5厘米	200支
35	药勺	角质	2个
36	试管刷	大、中、小三种	各2个
37	擦镜纸		100张
38	试管		2～3个
39	纱布	医用	适量
40	脱脂棉	医用	适量
41	试情布	30厘米×40厘米	30～50条
42	脸盆		4个
43	手电筒	带电池	3个
44	不锈钢推车		2个
45	耳号钳		2把
46	耳号		
47	采精保定架		1个
48	输精架		2个

表4-7 羊人工授精站所需药品及试剂

序号	名称	规格	数量
1	乙醇	75%，500毫升	6~8瓶
2	氯化钠	化学纯，500克	1~2瓶
3	碳酸氢钠		1.5~3千克
4	白凡士林		2瓶
5	高锰酸钾	250克	1瓶
6	碘酊	500毫升	1瓶
7	新洁尔灭	500毫升	2瓶

（3）器械清洁与消毒　采精、输精过程中与精液接触的所有器械都要消毒，并保持清洁、干燥，存放在清洁的柜内或烘干箱中备用。

①假阴道要用2%碳酸氢钠溶液（小苏打）清洗，再用清水冲洗数次，然后用75%乙醇消毒，使用前用生理盐水冲洗。

②集精瓶、输精器、玻璃棒和存放稀释液及生理盐水的玻璃器皿洗净后要经过30分的蒸汽消毒，使用前用生理盐水冲洗数次。

③金属制品如开膣器、镊子、盘子等，用2%碳酸氢钠溶液清洗，再用清水冲洗数次，擦干后用75%乙醇消毒。

3）人工授精技术操作流程　人工授精技术是一项综合性的繁殖技术体系，其技术操作流程如下：采精—精液品质检查—精液稀释保存—精液运输—母羊发情鉴定—输精。

（1）采精　羊的采精主要采用假阴道采精法，就是利用假阴道收集公羊的精液。整个采精过程要保证以下4点：一是全量，能完整地收集到一次全部射精量；二是原质，采精过程不能造成精液的污染或精液品质的改变；三是无损伤，不能造成公羊的损伤，也不能造成精子的损伤；四是简便，整个采精操作过程要求尽量简便。

①台羊的准备。台羊有真台羊和假台羊2种。真台羊可以人为保定，也可以使用保定架，台羊保定架结构类似牛的采精架，尺寸根据台羊体格大小而定；假台羊是按母羊体型高低、大小用钢管或木料做支架，在支架背上铺棉絮或泡沫塑料等，再包裹一层畜皮或麻袋、人造革等，假台羊内可设计固定假阴道的装置，可以调节假阴道的高低。

采用真台羊采精时，用发情良好的母羊效果最好，有利于刺激种公羊的性反射。活台羊最好是健康、体壮、大小适中、性情温驯且发情征兆明显的母羊。用不发情的母羊做台羊不能引起公羊性欲时，可先用发情的母羊训练公羊采精，然后再用不发情的母羊做台羊。

②公羊的准备。公羊应体况适中，防止过肥或过瘦；饲喂全价饲料；适当运动；定期检疫；定期清洗。春季公羊的精液品质相对较差，在此时间，可补充高蛋白饲料，如每天可拌料饲喂 2 ~ 3 枚生鸡蛋，保证每天有 2 小时的运动时间，对传染性疾病要根据情况每月进行检测，每周和采精前将生殖器官清洗、消毒。采精前应调整公羊的性欲到最佳状态。

种公羊采精调教方法：

☞ 外激素法。将发情母羊的外阴分泌物涂擦到公羊的鼻孔周围，通过气味刺激诱导其爬跨台羊。

☞ 偷梁换柱法。首先用发情母羊诱导爬跨，等性欲增强后，将发情母羊牵走，让其爬跨台羊。外激素法和偷梁换柱法在生产实际中使用较少，目前主要采用榜样示范的方法对羊进行采精训练。

☞ 榜样示范法。在采精室的一侧设有采精调教位置，在训练好的公羊正在采精时，让其在旁边观看，通过观察，自然就开始爬跨台羊。

公羊调教时应注意的事项：调教过程中，要反复进行训练，耐心诱导，切勿施用强迫、恐吓、抽打等不良刺激，以防止性抑制而给调教造成困难；调教时应注意公羊外生殖器的清洁卫生，对包皮和后躯清洗干净，防止生殖器官的损伤或污染；最好选择在早上调教，早上精力充沛，性欲盛；调教时间、地点要固定，每次调教时间不宜超过 30 分。

③假阴道的安装。假阴道是模拟发情母羊阴道内环境而设计制成的一种装置。假阴道主要有 3 个部件构成：内胎、外壳、集精杯。

假阴道的安装与调试：

☞ 安装将内胎装入外壳。光面朝内，要求两头等长，将内胎翻套在外壳上，勿使内胎有扭转的情况，松紧适度，然后在两端分别套上橡皮圈固定。

☞ 注水。50 ~ 55℃温水从注水孔灌入，水量占内胎与外壳之间容积的 1/3 ~ 1/2 为宜。实践中可竖立假阴道，水达到注水孔即可。最后装上带活塞的气嘴，并将活塞关好。

☞ 消毒。事先内胎已消毒过，但安装过程中有可能被污染，用长柄钳夹生理盐水棉球，伸入到外壳长度 2/3 处，从里向外旋转多次擦拭。然后将消毒好的集精杯安装在假阴道的一端。

☞ 润滑剂。用消毒玻璃棒取少许凡士林在内胎上涂抹一薄层，深度以假阴道前 1/3 ~ 1/2 处为宜，从里向外旋转涂抹，不要太多，以免污染精液。

☞ 测温。用消毒的温度计检查假阴道内部温度，以采精时达到 39 ~ 42℃ 为宜。若温度过高或过低，可注热水或冷水调温。

☞ 注气。调压温度适宜时，用二联球通过注水孔注气，使涂凡士林一端的内胎壁贴合，呈 "Y" 形或 "X" 形。最后用消毒纱布盖好入口，放入恒温箱中若干个备用。

④采精技术。将真台羊人为或用采精架保定，台羊的外阴及后躯用 0.1% 高锰酸钾水冲洗并擦干。公羊的生殖器官也用 0.1% 高锰酸钾水清洗消毒，尤其要将包皮部分清洗消毒干净。

将种公羊牵到台羊旁，采精员应蹲在台羊的右后侧，手持假阴道，随时准备将假阴道固定在台羊的尻部。当公羊阴茎伸出，跃上台羊后，采精员手持假阴道，迅速将假阴道筒口向下倾斜与公羊阴茎伸出方向成一直线，用左手在包皮开口的后方，掌心向上托住包皮（切不可用手抓握阴茎，否则会使阴茎缩回），将阴茎拨向右侧导入假阴道内。当公羊用力向前一冲后，即表示射精完毕。射精后，采精员同时使假阴道的集精杯一端略向下倾斜，以便精液流入集精杯中。当公羊跳下时，假阴道应随着阴茎后移，不要抽出。当阴茎由假阴道自行脱出后，立即将假阴道直立，筒口向上，并立即送至精液处理室内，放气后，取下集精杯，盖上盖子。

采精时应注意，羊从阴茎勃起到射精只有很短的时间，所以要求操作人员动作敏捷、准确。公羊第一次射精后，可休息 15 分后进行第二次采精。采精前应更换新的集精杯，并重新调温、调压。最好准备两个假阴道，第二次采精后，让公羊略做休息，然后赶回羊舍。

⑤采精频率。通常以每周计算。羊在春季精液量和品质最差，秋季公羊性欲好，通常每周可采精 7 ~ 20 次。对于常年采精公羊，采精频率通常为每周 2 天采精，每天采精 2 次。生产中主要根据精液品质与公羊的性功能状况而定。

（2）精液品质检查　精液品质检查的目的是在于鉴定精液品质的优劣，以便决定配种负担能力，同时也反映出公羊饲养管理水平和生殖功能状态、技术操作水平，并依此作为精液稀释、保存和运输效果的依据。

精液的质量受到公羊本身的生精能力、健康状况，以及采集方法、处理方法等的影响，并且采集到的精液还要在体外进行一系列的处理，因此，检查精液品质是人工授精技术中一个非常重要的技术环节。

①精液的外观检查。

☞ 射精量。射精量是指公羊每次射精的体积。以连续3次以上正常采集到的精液的平均值代表射精量，测定方法可用体积测量容器，如刻度试管或量筒。正常射精量，公羊在繁殖季节射精量在0.8 ~ 1.5毫升，平均1.2毫升，在非繁殖季节射精量在1毫升以内。射精量超出正常范围的均认为是射精量不正常，必须查明原因。射精量太多，可能是由于副性腺分泌物过多或其他异物（尿、假阴道漏水）混入所致；过少，可能是由于采精技术不当、采精过频或生殖器官机能衰退所致。凡是混入尿、水及其他不良异物的精液，均不能使用。

☞ 精液色泽。羊精液的颜色一般为白色或乳白色，羊的精液在密度高时呈现浅黄色，总体颜色因精子浓度高低而异，乳白色程度越重，表示精子浓度越高。若精液颜色异常，表明公羊生殖器官有疾病。例如，精液呈淡绿色表示混有脓汁，呈淡红色是混有血液，呈黄色是混入尿液等。诸如此类色泽的精液，应该弃去。

☞ 精液气味。羊精液一般无特殊气味或略有膻味，若有异味就不正常。

☞ 云雾状程度。正常羊精液因精子密度大则混浊不透明，肉眼观察时，由于精子运动形成云雾状翻腾，云雾状翻腾越明显，说明精子的密度和活力就越好。

②显微镜检查。

☞ 精子活力。活力也称为活率，指37℃环境下，精液中前进运动精子占总精子数的比率。活力是精液检查最重要的指标之一，在采精后、稀释前后，保存和运输前后、输精前后都要进行检查。

评定精子活力多采用"十级一分制"，如果精液中有80%的精子做直线运动，评定为0.8；50%的精子做直线运动，评定为0.5；以此类推。羊新鲜精液精子活力 ≥ 0.7，才可以用于人工授精和冷冻精液制作；羊冷冻精液解冻后的活力 ≥ 0.3，才可以使用。

通常对精子活力的描述为做直线前进运动，但实际上，无论从精子本身特点还是运动轨迹，是不可能按直线前进的，只不过是在围绕较大半径做绕圈运动。

精子活力测定需要的仪器设备主要有生物显微镜、显微镜恒温加热板、载玻片、盖玻片、生理盐水、滴管、移液枪等。测定程序为：

A. 载玻片预温：将恒温加热板放在载物台上，打开电源并调整控制温度至

37℃，然后放上载玻片。

B.精液稀释：将生理盐水与精液等温后，按1：10稀释。例如：用移液枪取10微升精液，再用100微升生理盐水等温稀释。

C.取样检查：取20～30微升稀释后的精液，放在预温后载玻片中间，盖上盖玻片。显微镜下镜检，用100倍和400倍显微镜观察。

D.活力估测：判断视野中前进运动精子所占的百分率，估测精子活力（图4-2）。观察一个视野中大体10个左右的精子，计数有几个前进运动精子，如有7个前进运动的精子，则活力为0.7。至少观察3个视野，3个视野估测活力的平均值为该份精液的活力。如3次估测的活力分别为0.5、0.6、0.5，平均为0.53，活力则评定为0.5。

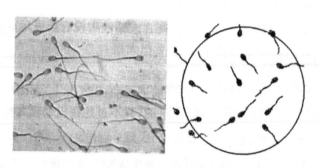

图4-2　估测精子活力

☞ 精子密度。也称精子浓度，指单位体积精液中所含的精子数。羊精液中精子的密度为20亿～30亿个/毫升。

目前测定精子密度的方法常采用估测法和血细胞计数法。估测法是在显微镜下根据精子分布的稀稠程度，将精子密度粗略地分为"密""中""稀"。"密"表示精子数量多，精子间隔距离不到一个精子；"中"表示精子数量较多，精子与精子的间隔为1～2个精子；"稀"表示精子数量较少，精子与精子的间距为2个以上精子。这种方法虽然误差较大，但在生产中较常使用。为了更准确地知道精子密度，需采用血细胞计数法。

血细胞计数法操作步骤：

A.血球计数板。是一块特制的厚型载玻片，将特制的专用盖玻片覆盖其上，形成高0.10毫米的计数池。计数池画有长、宽为3.0毫米的方格，分为9个大方格，中央大方格用双线分成25个中方格，每个中方格用单线划分为16个小方格。四角的 4 个大方格用单线划分为 16 个中方格。

B. 精液的稀释。将精液注入计数室前必须对精液进行稀释，以便于计数。稀释的比例根据精液的密度范围确定。稀释方法：用 5～25 微升移液器和 100～1 000 微升移液器，在小试管中进行组合不同的稀释。稀释液：3% 氯化钠溶液，用以杀死精子，便于计数。先在试管中加入 3% 氯化钠溶液 1 000 微升，取原精液 5 微升直接加到 3% 氯化钠溶液中（稀释 200 倍），充分混匀。

C. 显微镜准备。计数板盖上盖玻片，在显微镜 400 倍下，找出计数板上的方格，将方格调整到最清晰位置。

D. 精液注入计数室。取 25 微升稀释后的精液，将吸嘴放于盖玻片与计数板的接缝处，缓慢注入精液，使精液依靠毛细作用吸入计数室。

E. 精子计数。将计数板固定在显微镜的推进器内，找到计数室中间的大方格，计数左上角至右下角 5 个中方格的总精子数，也可计数 4 个角和最中间 5 个中方格的总精子数。计数以精子的头部为准，依数上不数下，数左不数右的原则计数格线上的精子，如图 4-3。

F. 精液密度计算。

每毫升原精液精子数 =5 个中方格总精子数 ×5×10×1 000× 稀释倍数。

例如：羊精液通过计数，5 个中方格总精子数为 200 个，则每毫升原精液精子数为 200×5×10×1 000×201=20.1（亿个）。

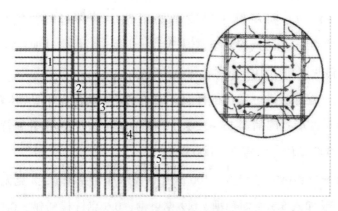

图 4-3　精子计数方法

☞ 精子畸形率。凡形态和结构不正常的精子都属畸形精子，精子畸形率是指精液中畸形精子数占总精子数的百分比。正常情况下要求羊新鲜精液畸形率 ≤ 15%

才可以使用，羊冷冻精液解冻后畸形率≤20%才能用于人工授精。如果畸形率超过20%则视为精液品质不良，不能用作输精。

畸形率的检查：取少许精液滴于载玻片上→用另一载玻片或盖玻片将精液抹开→自然风干→用红或蓝墨水数滴染色5分→水轻轻冲洗→干燥、镜检（400倍）。

检查200～500个精子，畸形精子占整个精子数的百分比。在日常精液检查中，不需要每次检查，只在必要时才进行。

（3）精液的稀释　羊精液密度大，一般1毫升原精液中约有25亿个精子，但每次配种只要输入5 000万～8 000万个精子就可使母羊受胎。精液稀释以后，不仅可以扩大精液量，增加可配母羊只数，更重要的是稀释液可以中和副性腺的分泌物，缓解对精子的损害作用，同时供给精子所需的营养，为精子生存创造一个良好的环境，延长精子存活时间，便于精液的保存和运输。

①稀释液分类。稀释液主要由稀释剂、营养剂、保护剂等成分组成，根据稀释液的性质和用途，可分为现用稀释液、常温保存稀释液、低温保存稀释液和冷冻保存稀释液4类。

☞ 现用稀释液。以扩大精液容量，增加配种头数为目的，用于采精后稀释并立即输精用。现用稀释液以简单的等渗溶液为主，一般可用0.9%氯化钠溶液、5%葡萄糖溶液和维生素B_{12}注射液。目前生产中使用维生素B_{12}注射液的较多。

☞ 常温保存稀释液。适用于精液常温（15～25℃）短期保存用，一般有鲜奶稀释液、葡萄糖—柠檬酸钠—卵黄稀释液、葡萄糖-柠檬酸纳稀释液。

A.鲜奶稀释液。将新鲜牛奶或羊奶用数层纱布过滤，然后水浴加热至92～95℃，维持10～15分，冷却至室温，除去上层奶皮，每毫升加青霉素1 000单位、链霉素1 000微克，用于山羊、绵羊精液的稀释。

B.葡萄糖—柠檬酸钠—卵黄稀释液。100毫升蒸馏水加3克无水葡萄糖、1.4克柠檬酸钠溶解过滤后煮沸消毒15～20分，降至室温加入20毫升新鲜卵黄，每毫升加入青霉素1 000单位、链霉素1 000微克。

C.葡萄糖—柠檬酸钠稀释液。100毫升蒸馏水加5克乳糖、3克无水葡萄糖、1.5克柠檬酸钠，或加入5.5克葡萄糖、0.9克果糖、0.6克柠檬酸钠、0.17克乙二胺四乙酸二钠，溶解过滤消毒冷却后每毫升加青霉素1 000单位、链霉素1 000微克，适用于山羊精液稀释。

☞ 低温保存稀释液　适用于精液低温保存（0～5℃），其成分较复杂，多数含有卵黄和奶类等抗冷休克作用物质，还有的添加甘油或二甲基亚砜等抗冻害物质。

A. 绵羊精液低温保存稀释液配方。10 克奶粉加 100 毫升蒸馏水配成基础液，取 90% 基础液和 10% 卵黄再加上 1 000 单位 / 毫升青霉素和 1 000 微克 / 毫升双氢链霉素制成稀释液。

B. 山羊精液低温保存稀释液配方。葡萄糖 0.8 克，二水柠檬酸钠 2.8 克，加蒸馏水 100 毫升配成基础液，取 80% 基础液、20% 卵黄、1 000 单位 / 毫升青霉素、1 000 微克 / 毫升链霉素配成稀释液。

☞ 冷冻保存稀释液。冷冻保存稀释液一般含有低温保护剂（卵黄、牛奶或脱脂奶粉）、抗冻保护剂（甘油、乙二醇等）、维持渗透压物质（糖类、柠檬酸钠、柠檬酸等）、抗生素（青霉素、链霉素或硫酸庆大霉素等）及其他添加剂。

A. 肉用绵羊：三羟甲基氨基甲烷 3.028 5 克，柠檬酸 1.659 3 克，蔗糖 2.567 3 克，果糖 0.75 克，维生素 E 6 毫升，卵黄 15%，甘油 4.0%，青霉素 10 万单位，链霉素 10 万单位，双蒸水 100 毫升。

B. 波尔山羊：三羟甲基氨基甲烷 4.361 克，葡萄糖 0.654 克，蔗糖 1.6 克，柠檬酸 1.972 克，谷氨酸 0.04 克，卵黄 18 毫升，甘油 6 毫升，青霉素 10 万单位，链霉素 10 万单位，双蒸水 100 毫升。

①稀释方法。

☞ 原精液在采精经检查合格后，应立即进行稀释，越快越好，从采精后到稀释的时间不超过 30 分。

☞ 稀释时，稀释液的温度和精液的温度必须调整一致。现用稀释液时，应事先将稀释液加温至与精液一致的温度，并在使用过程中注意保温，以 30 ~ 35℃为宜。

☞ 稀释时，将稀释液沿精液瓶壁缓慢加入，防止剧烈震荡。

☞ 若做 20 倍以上高倍稀释时，应分两步进行，先加入稀释液总量的 1/3 ~ 1/2 做低倍稀释，稍等片刻后再将剩余的稀释液全部加入。

☞ 稀释完毕后，必须进行精子活力检查，精子活力不低于 0.6 即可进行分装与保存。

②稀释倍数与保存时间。精液的稀释倍数是由原精液的质量（尤其是活力和密度）、每次输精所需的精子数以及稀释液种类决定的。

使用 0.9% 氯化钠溶液作为稀释液，稀释倍数一般为 1：2，随配随用，保存时间不超过 1 小时。目前生产中多采用维生素 B_{12} 注射液，其来源广，价格便宜，无须配制，可做 1：（3 ～ 10）倍稀释。原精活力在 0.9 以上，密度很好时，稀释倍数可以达到 1：10，原精活力在 0.8 左右和密度一般时，为了保证输入子宫内的有效精子数，稀释倍数以 1：5 为宜。使用维生素 B_{12} 注射液作为稀释液，保存时间不应超过 5 小时。如需保存较长时间并进行运输时，则需要配制较复杂的常温保存稀释液或低温保存稀释液。

（4）新鲜精液的运输　用制作冻精的塑料细管盛装和运输新鲜精液非常方便，值得大力推广。冻精细管有 0.25 毫升和 0.5 毫升两种规格，以精液密度测算，每支装一份输精量为宜。精液装管后，镊子在酒精灯上烧热，将无棉塞端夹一下，使端口融化密封。

运输距离在 1 ～ 2 小时的路程时，可用干净的毛巾或软纸包起来，装在运输人贴身内衣口袋内带走。如果运输距离在 4 ～ 6 小时以上的路程时，就要将装有精液的细管放入盛有凉水和冰块的保温瓶中（0 ～ 5℃）运输。为避免精子发生冷休克，必须采取缓慢降温的方法，从 30℃降至 5℃时，每分下降 0.2℃左右为宜，整个降温过程需 1 ～ 2 小时完成。方法是将分装好的精液细管用纱布或毛巾厚厚包好，再裹以塑料袋防水，置于普通冰箱冷藏室内 1 ～ 2 小时或直接放入盛有凉水和冰块的保温瓶中。到达目的地后，从保温瓶中取出细管，直接投入 30℃温水中，使温度回升后输精。

新鲜精液运输时应注意以下事宜：盛装精液的器具应安放稳妥，做到避光、防湿、防震、防撞；运输途中必须保持精液保存的温度恒定，切忌使温度有升降变化；运输精液应附有精液运输单，其内容包括发放的站名、公羊品种和羊号、采精日期、精液剂量、稀释液种类、稀释倍数、精子活力和密度等内容。

（5）输精　输精是人工授精的最后一个技术环节。适时而准确地把一定量的优质精液输到发情母羊生殖道的一定部位是保证受胎率的关键。

①输精时间。羊采用每天 2 次输精。每天用试情公羊检查母羊群 2 次，上午、下午各 1 次，公羊用试情布兜住腹部，避免发生自然交配。如果母羊接受公羊爬跨，证明已经发情。经产羊应于发现发情后 6 ～ 12 小时第一次输精，间隔 12 ～ 16 小时后第二次输精；初配羊应于发现发情后 12 小时第一次输精，间隔 12 小时第二次输精。

②精液的准备。采集的鲜精经稀释、精液品质检查符合要求后即可直接输精；低温保存时，输精前将精液升温到 30 ～ 35℃再进行输精；颗粒冷冻精液和细管冷

冻精液需要解冻后进行输精。

③输精操作。羊的输精主要采用开膛器输精法。输精前开膛器和输精器可采用火焰消毒，将乙醇棉球点燃，利用火焰对开膛器和输精器进行消毒。并在开膛器前端涂上灭菌润滑剂（红霉素软膏或灭菌凡士林等均可），将精液吸入输精器。主要操作步骤如下：

图4-4　母羊倒立保定输精

☞母羊的保定。母羊可采用保定架保定、单人倒提保定或双人保定（图4-4）。对体格较大的母羊可采用保定架或双人保定；体格中小的母羊可采用单人倒提保定。

☞擦净。用卫生纸或捏干的乙醇棉球将外阴部粪便等污物擦干净。

☞插入开膛器。用开膛器插入阴道。

☞打开开膛器。开膛器前端快抵达子宫颈口时，将开膛器转平，然后打开开膛器。

☞旋转。看到子宫颈口时，用输精器头旋转进入子宫颈。

☞注入。等输精器无法再进入子宫时，可将精液注入。

注意事项：羊在输精时，最佳位置是通过子宫颈直接输到子宫体内。但由于母羊子宫颈结构特殊，不好通过，一般可将精液输入到子宫颈2～3厘米深处。输精完成后，将母羊倒提保定2分，防止精液倒流。输精完成后，输精器和开膛器用温碱水或洗涤剂冲洗，再用温水冲洗，以防精液凝固在管内，然后擦干保存，下次使用前消毒。

4）提高人工授精率的综合措施　人工授精母羊受胎率是衡量肉羊人工授精技术水平的关键指标。由于受公羊精液质量、母羊体质及发情情况和输精技术等许多环节的影响，人工授精母羊受胎率为60%～90%。因此，要想使人工授精母羊受胎率得到大幅度提高，不但要从公羊方面着手，保证输精用精液的品质，还应从母羊方面着手，调整人工授精母羊的膘情及提高发情鉴定的准确性。此外，还应努力提高输精技术水平。

（1）加强公羊饲养管理，提高精液品质　肉羊人工授精操作时，用于输精的精液品质的高低直接影响母羊的受胎效率。因此，要想提高母羊的受胎率，必须提高公羊的精液品质提高公羊精液品质，可从以下几方面采取措施。

①加强种公羊的饲养管理。对于具有正常繁殖机能的公羊，饲养管理不当可导致饲养管理性不育，轻者使公羊生育力低下，降低公羊精液品质，重者可导致公羊完全失去生育能力。公羊饲养管理性不育包括营养性不育和管理性不育。

A.营养性不育。良好的营养是保持公羊具有旺盛的性欲、优良的精液品质，充分发挥其正常繁殖力的前提。种公羊应保持中上等营养状况，其日粮要求具有全价的蛋白质和充足的维生素。公羊营养性不育可由营养不足、营养过度、营养不平衡所引起。因此，必须加强公羊的饲养管理。种公羊各期饲养技术请参阅第一章相关内容。

B.管理性不育。因公羊管理措施不当而引起的不育称管理性不育。种公羊的不合理利用，运动不充足，外界环境温度不适宜，季节及光照变化，各种应激，均可降低公羊的精液品质，导致不育。因此，必须强调公羊的科学管理。

②规范采精操作。采精技术不规范也可导致精液品质下降：如采精技术不熟练可能损伤公羊外生殖器，降低公羊的性欲；假阴道温度不适宜，可导致公羊不射精或射精不充分；与精液直接接触的假阴道、集精杯等洗涤和消毒不彻底，会造成公羊精液的人为污染。因此，一定要严格按肉羊人工授精操作技术规程进行采精。

③正确进行精液处理。精液处理涉及精液的品质检查、稀释、保存等全过程，精液处理方法不当会降低公羊的精液品质。采集的原精液、稀释后的精液、经保存后待输精的精液都要进行严格的检查，采用不合格的精液进行输精必然会降低母羊受胎率。精液稀释过程中，稀释液的种类、稀释方法、稀释温度不适宜，均可显著降低精子活率；精液保存过程中温度的剧烈变化，如低温保存和冷冻精液制作过程中平衡温度下降过快，冷冻精液保存过程中从液氮中频繁取出精液或精液在空气中停留时间过长等也会导致精液品质下降。可见，对精液进行正确处理，也是提高母羊受胎率的重要措施。

（2）加强母羊的饲养管理，提高发情鉴定的准确性

①加强母羊的饲养管理。对于具有正常繁殖机能的母羊，饲养管理不当可导致

母羊饲养管理性不育，对于配种母羊则表现为受胎率下降。母羊饲养管理性不育包括营养性不育和管理性不育。

A. 营养性不育一般是由于饲养不当，母羊营养缺乏、营养过剩或营养不平衡而使生殖机能衰退或受到破坏，从而使生育力降低。有人认为，饲喂高蛋白质饲料会使瘤胃中氨的含量增高，不仅会对胚胎产生毒性作用，还可能对生育力产生其他不利影响。又如，维生素缺乏尤其是维生素 A 的缺乏，容易导致输精母羊不易受胎或发生流产。

B. 管理性不育常见情况是由于泌乳过多引起母羊生殖机能减退或暂时停止。因此，必须加强母羊的饲养管理。

②提高发情鉴定的准确性。母羊排卵后卵子通过输卵管及受精都有各自的时限。超过与这些时限相应的最适输精时间，就会降低受胎率。对母羊发情征兆认识不足和工作中疏忽大意，不能及时发现发情母羊，均可导致配种时机不适宜，致使人工授精配种受胎率降低。

（3）提高输精技术水平　除公羊精液品质不良、母羊的饲养管理不当及发情鉴定不准确外，输精技术水平不高也是导致母羊人工授精受胎率降低的重要原因。可通过培训输精技术人员、严格按照操作规程进行输精操作、改进输精方法进行深部输精（如利用腹腔镜进行深部输精）来提高人工授精母羊的受胎率。

（4）合理使用生殖激素

①促黄体素（LH）、人绒毛膜促性腺激素（HCG）和促排卵 3 号（LRH-A$_3$）均具有促进母羊排卵的作用，配种的同时给母羊注射激素，不仅可促进排卵，有利于调整精子和卵子在受精部位的结合时间，同时还可促进黄体形成，对提高配种受胎率有良好的效果。由于目前这类激素的价格较高，多用于经济价值较高的动物。山羊应用剂量为 LH 50 单位、HCG 500 单位、LRH-A$_3$ 40 ~ 60 微克。

②催产素、前列腺素具有促进子宫收缩的生理作用。配种前给母羊子宫颈内输入或在精液中加入一定量的催产素或前列腺素，可以加快精子在母羊生殖道中的运行速度，提高配种受胎率。

（5）注重数据记录整理　应注重人工授精过程中各项数据的记录整理，从中可及时发现问题，以便后期工作的改进提高。人工授精各项记录表格包括种公羊采精及冻精生产记录表、母羊人工授精记录表和母羊配种繁殖记录表（表4-8 至表4-10）等。

表4-8 种公羊采精及冻精生产记录表

品种：公羊号：　　　　　　出生日期：

采精日期（年月日）	精液编号	采精量（毫升）	颜色	活力	密度	稀释倍数	稀释后活力	冻精生产数	冻后活力	备注

表4-9 母羊人工授精记录表

畜主	村（场）	羊号	羊发情情况		配种情况				备注
			发情时间	黏液状况	输精日期	公羊号	输精剂量	精液活力	

表4-10 母羊配种繁殖记录表

配种前体重	第一情期		第二情期		第三情期		预产期	实际分娩日期	产羔						父号
	种公羊号	日期	种公羊号	日期	种公羊号	日期			羔羊号	性别	羔羊号	性别	羔羊号	性别	

6. 羊精液冷冻保存技术　羊精液冷冻保存技术是将采集的新鲜精液经过特殊处理，将其冻结为固态精液，放入液态氮（-196℃）内保存，在超低温环境下，使精子活动停止，处于休眠状态，代谢也几乎停止，从而延长精子的存活时间。精液冷冻保存是肉羊人工授精技术的一项重大突破。

1）精液冷冻保存的意义

（1）充分提高优良种公羊的利用率　通过精液冷冻技术一只优良种公羊每年可生产8 000头份以上的可供授精用的颗粒冻精。

（2）不受地域限制，充分发挥优良种公羊的作用　由于优良种公羊的精液在超低温环境下保存，就可将其运到任何一个地区为母羊输精，这样就不需要再从异地引进活的种公羊，节省大量因引进和饲养种公羊所花销的费用，降低成本，提高经济效益。

（3）不受种公羊寿命的限制　在优良公羊死亡后，仍可用它生前保存下来的精液输精，产生后代。这样就可以把最优良或最有育种价值的羊种遗传资源长期保存下来，可以随时取用，这对绵羊、山羊的遗传育种和保种工作具有重大的科学价值。

（4）可以同时配许多母羊　便于早期对后备公羊进行后裔鉴定。

（5）有利于推动肉羊繁殖新技术在生产上的应用　多种肉羊繁殖新技术，如同期发情技术、超数排卵技术及体外授精技术等，都需要随时可取的肉羊精液，精液冷冻的长期保存恰恰能满足这种需要，为各种肉羊繁殖新技术在生产上的应用提供了便利条件。

但是，羊的冷冻精液，特别是绵羊的冷冻精液，还有许多理论、技术和方法等问题至今没有得到很好解决，与使用鲜精相比，受胎率还有一定的差距。目前，对提高绵羊、山羊冷冻精液品质及提高母羊受胎率的研究仍在进行。

2）生产冻精应具备的基本条件

（1）良种公羊　应用冷冻精液技术是为了充分发挥优良种公羊的良种优势，因此，必须有优良的种公羊才能生产出高质量的冻精。

（2）技术水平　精液冷冻技术包括采精，精液品质检查，精液稀释、冷冻、解冻、输精等多种技术环节。有的需要在户外操作，如采精；有的需要显微镜辅助，如精液品质检查与评定等。各技术环节均需要操作人员既具有熟练的操作技术，同时还要具备丰富的实践经验和认真负责的工作态度。

（2）实验室条件　生产冷冻精液大多数技术操作都是在实验室内进行的，实验室除具备生产冷冻精液的常规药物和器械外，必须有冰箱、生物显微镜、液氮罐等设备。必须保证实验室的工作相对独立、清静、清洁、温度适宜等。

3）羊精液冷冻保存技术

（1）器械消毒　采精前一天清洗各种器械（先用肥皂水清洗,再以清水冲洗3～5

次，最后用蒸馏水冲洗 1 次，晾干）。玻璃器具采用干燥箱高温消毒，其他器械用高压锅或紫外线灯进行消毒。

（2）待冷冻的鲜精品质检查　各项指标正常或良好，其中精子密度应在 20 亿/毫升以上，活率在 0.7 以上，精子抗冻性好（解冻后活率在 0.3 以上）。

（3）精液冷冻稀释液　冷冻稀释液一般含有低温保护剂（卵黄、牛奶或脱脂奶粉）、抗冻保护剂（甘油、乙二醇等）、维持渗透压物质（糖类、柠檬酸钠、柠檬酸等）、抗生素（青霉素、链霉素或硫酸庆大霉素等）及其他添加剂。现介绍在我国养羊业中，经过大量试验，效果良好的几种稀释液配方。

①颗粒冻精稀释液。

A. 配方一。

Ⅰ液：葡萄糖 3 克，柠檬酸钠 3 克，加双蒸水或超纯水至 100 毫升。取溶液 80 毫升，加卵黄 20 毫升。

Ⅱ液：取 Ⅰ 液 44 毫升，加甘油 6 毫升。

B. 配方二。

Ⅰ液：10 克乳糖加双蒸水或超纯水 80 毫升，鲜脱脂牛奶 20 毫升，卵黄 20 毫升。

Ⅱ液：取 Ⅰ 液 45 毫升加葡萄糖 3 克，甘油 5 毫升。

C. 配方三。甘肃农业大学赵有璋教授项目组研制的冻精稀释液。

肉用绵羊：三羟甲基氨基甲烷 3.028 5 克，柠檬酸钠 1.659 3 克，蔗糖 2.567 3 克，果糖 0.75 克，维生素 E 6 毫升，卵黄 15%，甘油 4.0%，青霉素 10 万单位，链霉素 10 万单位，双蒸水 100 毫升。

波尔山羊：三羟甲基氨基甲烷 4.361 克，葡萄糖 0.654 克，蔗糖 1.6 克，柠檬酸钠 1.972 克，谷氨酸 0.04 克，卵黄 18 毫升，甘油 6 毫升，青霉素 10 万单位，链霉素 10 万单位，双蒸水 100 毫升。

②细管冻精稀释液。

A. 配方一。

基础液：柠檬酸钠 1.8 克，乳糖 4.6 克，葡萄糖 3.1 克，双蒸水 100 毫升。

冷冻稀释液：基础液 75 毫升，新鲜卵黄 20 毫升，灭菌甘油 5 毫升，8 万单位硫酸庆大霉素注射液 1 支。

B. 配方二。

基础液：三羟甲基氨基甲烷 2.42 克，柠檬酸钠 1.38 克，蔗糖 2.0 克，葡萄糖 1.6

克，双蒸水 100 毫升。

冷冻稀释液：基础液 74 毫升，新鲜卵黄 20 毫升，灭菌甘油 6 毫升，青霉素、链霉素各 1 万单位或 8 万单位硫酸庆大霉素注射液 1 支。

（4）稀释方法　绵羊、山羊精液的稀释方法关系到冷冻精液的品质，精液稀释的重要目的是保护精子在降温、冷冻和解冻过程中免受低温损害。根据大量的研究与实践，绵羊、山羊精液在冷冻之前的稀释比例一般为 1∶（1～3）。

精液的稀释方法有两种，即一步稀释法和两步稀释法。制作细管冻精一般采用一次稀释法，制作颗粒冻精一般采用两步稀释法。

一步稀释法：用含有甘油的稀释液对精液进行一次稀释。

两步稀释法：先用不含甘油的稀释液初步稀释后，冷却到 0～5℃，再用已经冷却到同温度的含甘油的稀释液做第二次稀释。

（5）冷冻前的降温和平衡　稀释后的精液冷却到平衡温度时速度不能过快，特别是降到 22℃ 以下后，精子受温度打击的影响比在 22℃ 以上时要更为敏感。一般来说需 2 小时左右的时间使精液逐渐冷却。所谓精液的"平衡"，是指精液冷冻前在稀释液中停放一段时间，使稀释液中的物质与精细胞之间相互作用，以达到精细胞内部和外部环境之间物质的平衡。而平衡时间是指用稀释液稀释原精液到稀释精液冷冻之间所间隔的时间。在绵羊冷冻精液的研究中，精液的平衡由最早的 8 小时、12 小时甚至 12 小时以上缩短到 3 小时、2 小时或 1 小时。目前，多数在 3 小时左右。若采用两步稀释法，临冻前加入含甘油的 Ⅱ 液，甘油实际上不参加平衡。毛凤显研究指出，波尔山羊精液平衡采用温水水浴降温优于纱布包裹，而且以 4 小时降温效果最好。

（6）冷冻精液的剂型　绵羊、山羊冷冻精液目前常用两种剂型，即颗粒型和细管型。欧洲各国多将稀释后的精液分装于塑料细管；澳大利亚和俄罗斯则多将精液冷冻成颗粒状，但澳大利亚主要采用腹腔镜子宫角输精方法。我国以生产颗粒冻精为主，细管冻精也有部分生产。颗粒生产较为简便，所需器材设备少，但缺点是不能单独标记、容易混杂，并且解冻时须一粒粒进行，速度很慢，费时费事。从理论上讲，在冷冻和解冻过程中，细管受温较匀，冷冻效果较好。

（7）冷冻精液的制作

①颗粒冻精的制作。冷冻颗粒时多采用滴冻法，每个颗粒含精液一般在 0.1 毫升左右，初冻温度为 -100～-90℃，颗粒过大时里层和外层精液的受温过于不匀，

效果较差，颗粒过小在解冻时又太费事也很不方便。

生产颗粒冻精采用的冷冻容器主要是 5 升的广口液氮罐或保温良好的金属小箱、铝锅、铝饭盒等。生产中常用的是铝饭盒，将其周围（包括底部）用厚度为 2 厘米的泡沫塑料包裹，为了使其结实耐用，外层再用薄金属板包裹。承冻面可采用铜网或氟板，以氟板效果较好。用氟板冻制颗粒冻精效果好的原因在于，其绝热性能好，且有一定的厚度和重量，增加了热容量。将精液陆续滴在经过预冷的氟板上，氟板上的精液不会因热传导而相互影响，这样就能使每粒冷冻精液保持原有的始冻温度，减少了颗粒冻精之间始冻温度的差异。另外，氟板上以 10 个小坑为一排，便于统计。氟板的支架可用饭盒盖制作，饭盒盖上每平方厘米至少应有一个直径为 0.2 ~ 0.3 厘米的通气孔，饭盒盖的侧面打一个直径为 1 厘米的孔，以便冷冻精液颗粒通过此孔装袋。

冷冻时，将冷冻容器内注入液氮，液氮面距容器口 1 厘米，反盖上饭盒盖预冷。另备一个盛液氮容器，将氟板在其内预冷 3 ~ 5 分，以液氮不再沸腾为准。然后将氟板取出平放在饭盒盖上，氟板与液氮面的距离为 1 厘米，平衡 3 分后即可按每颗粒 0.1 毫升剂量进行滴冻。精液从 4℃ 环境中取出后，仍让其放在盛有 4℃ 水的大烧杯中，以免精液升温。滴冻完成后，停留 5 分左右，然后把氟板连同饭盒盖一同浸入另一液氮容器内的液氮中，铲下冻精颗粒。取一粒冻精放入盛有 0.5 毫升稀释液的小试管内，在 40℃ 条件下解冻。在 39℃ 的条件下观察活率。若活率达不到 0.35，则必须废弃。达到 0.35 以上，通过饭盒盖一侧的直径 1 厘米的小孔把颗粒冻精装入纱布袋内，并加上标签，即可投入液氮内保存。

②细管冻精的制作。生产细管冻精一般采用聚氯乙烯塑料细管来容纳精液。肉羊细管冻精一般采用容量为 0.25 毫升的细管，其长度为 13.3 厘米，外径为 2.0 毫米。细管的一端是开口的，另一端由两截棉塞中间夹封口粉（化学成分为聚氯乙烯醇）构成，长约 1.5 厘米，称棉塞端。棉塞内的封口粉遇水（或精液）变成胶状，堵塞端口，起到"封口"的作用。

细管冻精需要分装和封口，一般在平衡前进行，也有在精液平衡后的 4℃ 环境下分装并封口的，以平衡前分装较普遍且容易操作。精液分装封口后，放入喷氮式冷冻仪中冻结，入氮温度控制在 -120℃ 左右。冻好的细管冻精需抽检，活率应在 0.35 以上，否则废弃。

细管冻精的优点是标记、分装、冻结都可利用机械设备进行，且不易污染，冻结效果好，使用方便；缺点是成本较颗粒冻精高。

（8）冷冻精液的标记　颗粒冻精滴冻完成并抽检合格后，每30～50粒装入1个纱布袋或1个小玻璃瓶中，再按照公羊号将颗粒精液袋装入液氮罐提筒内，在纱布袋的线绳上用白胶布标记。标记的内容包括生产单位、肉羊品种、公羊号、精液数量、精液的抽检活率和生产日期。

细管冻精则用机械喷墨标记，可灌装细管前标记，也可灌装细管后标记。灌装细管前标记，即事先用细管喷墨打印设备将细管喷上标记，内容包括生产单位、肉羊品种、公羊号、生产年月。生产时，品种和羊号不同，使用不同的细管。灌装细管后标记，则在灌装时用空管灌装，灌装的同时进行喷墨打号。更换品种和羊号时，随即更换标记内容，标记内容同上。

（9）冷冻精液的贮存和运输　冷冻精液一般在液氮灌中保存，这是目前常用的保存方法。液氮的温度为−196℃，与精子的危险温区温差大，冷冻及贮存精液安全可靠。另外，液氮为液体状，可使液氮容器中的温度恒定，也可使冷冻精液完全浸没在液氮中。在液氮中保存的冷冻精液，其活力下降极为缓慢（甚至保存多年一点也不下降）。

①冷冻精液的贮存。贮存冻精的液氮罐应放置在凉爽、干燥、通风和安全的库房内；由专人负责，每隔5～7天检查一次罐内的液氮容量，当剩余的液氮为容量的2/3时，应及时补充；要经常检查液氮罐的状况，如发现外壳有小水珠，挂霜或者发现液氮消耗过快时，说明液氮罐的保温性能差，应及时更换；冻精的分发、转移、取用应在盛有液氮的5升广口液氮罐或其他小容器内进行，精液每次脱离液氮的时间不得超过5秒；记载每次入库或分发，补充液氮的数量及耗损报废的冻精数量等，必须如实记载清楚，并做到每月结算一次。

②冻精的运输。冻精的运输应由专人负责,液氮罐应有外套保护,装卸时要小心,轻拿轻放。液氮罐装上车（或带上车）后，应将其安放平稳、不可斜放，严防撞击和倾斜。专车运输应避免日光暴晒，夏季选择早晨或晚上运输。长途运输，在途中要注意补充液氮。

4）冻精的解冻与输精

（1）颗粒冻精的解冻

①解冻器材。有恒温水浴锅（可用烧杯或保温杯结合温度计代替）、1 000微升移液枪、5毫升小试管、镊子等。

②解冻液。颗粒冻精需要解冻液,下面是几种常用的解冻液:维生素B_{12}注射液;2.9% 柠檬酸钠溶液;葡柠溶液(葡萄糖 3.0 克,柠檬酸钠 1.4 克,加蒸馏水至 100 毫升);复方葡柠溶液(葡萄糖 1.15 克,柠檬酸钠 1.7 克,磷酸二氢钾 0.325 克,碳酸氢钠 0.09 克,氨苯磺胺 0.3 克,加蒸馏水至 100 毫升)。

③解冻方法。

A.将水浴锅温度设定为 38 ~ 40℃,在小试管中加入 1 毫升解冻液,预热 2 分以上。

B.在液氮罐中用镊子夹取 1 个颗粒投入小试管中,由液氮罐提取精液,精液在液氮罐颈部停留不应超过 10 秒,冷冻精液停留部位应在距颈管部 8 厘米以下。从液氮罐取出精液到投入小试管时间尽量控制在 3 秒以内。

C.轻轻摇晃小试管,使颗粒溶解并充分混匀。

D.用输精器将解冻好的精液吸到输精器中,准备输精。

(2)细管冻精的解冻

①解冻器材。有恒温水浴锅(可用烧杯或保温杯结合温度计代替)、镊子、细管剪、输精器及外套管。

②解冻方法。

A.用镊子从液氮罐中取出细管,由液氮罐提取精液,精液在液氮罐颈部停留不应超过 10 秒,贮精瓶停留部位应在距颈管部 8 厘米以下。从液氮罐取出精液到投入保温杯时间尽量控制在 3 秒以内。

B.将细管直接投入 37℃水浴锅或用温度计将保温杯水温调整至 37℃,摇晃至完全溶解。也可将细管投入 40℃水浴环境解冻 3 秒左右,有一半溶解以后拿出使其完全溶解。

C.将解冻好的细管装入输精枪中,封口端朝外,再用细管剪将细管从露出输精枪的部分剪开,套上外套管,准备输精。

(3)肉羊冻精解冻时的注意事项

A.解冻前应将温水备好,并事先预热解冻试管和解冻液。冬季或早春输精时,输精管或输精枪也应预热,以免解冻后的精液再次遭受冷打击。

B.从液氮罐取冻精时应迅速,所用的镊子在取精液前应预冷。

C.冻精解冻后应立即输精,从解冻到输精之间的时间最长不得超过 2 小时,此段时间应注意保温。

D.在必要的情况下,颗粒冻精解冻后需做短时间保存时,可用含卵黄(或奶液)

的解冻液（解冻液中加入20%的卵黄），以10～15℃水温解冻，逐渐降到2～6℃的环境中保存，保存过程中温度应恒定，切忌升温。

（4）冷冻精液的评定指标　评定冷冻精液的品质一般在解冻后进行。评定的主要指标有：精子活率、有效精子数、精子畸形率、顶体完整率、37℃保存4小时后的活率和细菌数。

①解冻后，精子活率下限为0.3。

②每剂量解冻后，有效精子数，即解冻后呈直线运动的精子数下限为3 000万个。

③解冻后，精子的畸形率上限为20%。

④解冻后，精子的顶体完整率下限为40%。

⑤解冻后，精子在37℃保存4小时后活率大于0.05。

⑥解冻后，精液应无病原微生物，每毫升中细菌数上限为1 000个。

（5）冻精的输精　据研究，绵羊精子在输卵管内的存活时间，鲜精为9～10小时，冻精为5.5小时。因此，为了提高羊冷冻精液受胎率和产羔率，在冻精输精时应特别注重输精部位。

①子宫颈输精法。母羊子宫颈通道狭窄（长4～10厘米，外径2～3厘米），管腔弯曲，宫颈壁轮状环特别发达，对多数母羊来说很难做到深部输精。用得较多的子宫颈深部输精器是螺旋式输精器，输入深度达2.5厘米以上，受精率与宫颈结构（通过的难易度）、发情阶段、胎次、母羊年龄及输精人员技术熟练程度有关，产羔率随输入深度的增加而提高。根据有关报道，用螺旋头输精器证明随输入子宫颈深度的增加，受胎率不断提高。Graham等采用法国输精器，将精液输入子宫颈中部时，其受胎率和产羔率分别为59.6%和89.4%；当精液输入宫颈外口时，受胎率和产羔率为31.3%和43.1%。

②子宫角输精法。该方法主要应用于冷冻精液的输精。由于羊精液冷冻解冻后活率仅有0.2～0.3，使得受配母羊发情期受胎率较低，而借助腹腔内窥镜进行子宫角输精，可大大提高母羊的发情期受胎率。子宫角输精时采用特制羊用手术保定架，由3人操作，其中术者1人，助手2人。将羊固定在保定架上，剪去腹中线到乳房前的羊毛洗净消毒处理后，在乳房前8～10厘米处进行局部麻醉或不麻醉。在术部用套管针刺入并充入适量CO_2，使内脏前移，并使腹壁与内脏分离，通过刺入套管针，将腹腔内窥镜伸入腹腔，打开光源后观察子宫角及排卵点情况，在对侧相同部位，用手术刀片切一小口约1.5厘米，借助腹腔内窥镜把卵巢上有黄体发育一侧的子宫

角用牵引钳拉出，在子宫角远端 1/3 处，输入精液，而后放回子宫角，并缝合一针，臀部肌内注射青霉素 160 万单位，输精手术结束。

在几种可提高冻精受精率的技术中，以腹腔镜下子宫角输精的产羔率最高。用腹腔镜在子宫内输精不仅能稳定获得比较高的产羔率，而且可以大大减少输入活动精子数，但要在生产实践中大面积应用还有相当的距离。

7. 羊妊娠诊断技术　妊娠诊断就是借助母羊妊娠后所表现的各种变化来判断其是否妊娠以及妊娠的进展情况，母羊配种后应尽早进行妊娠诊断。对确诊已妊娠的母羊，应注意加强饲养管理，保证胎儿正常发育，防止流产并预测分娩日期。对未妊娠的母羊应及时进行检查，找出未妊娠原因，采取相应治疗或管理措施，以把握下一次配种时机，提高母羊繁殖效率。

1）外部观察法　外部观察法是在问诊的基础上，对被检母羊进行观察，注意其体态及胎动等变化，判断是否妊娠。问诊的内容包括母羊的发情情况，配种次数，最后一次配种日期，配种后是否再发情，一定时期后食欲是否增加，营养是否改善，乳房是否逐渐增大等。如果配种后没再出现发情，食欲有所增加，被毛变得光泽，乳房逐渐增大，则一般认为是妊娠了。配种 3 个月后，则要注意观察羊的腹部是否增大，右侧腹部是否突出下垂，腹壁是否常出现震动（胎动），从而判定是否妊娠。

需要指出的是，有些羊妊娠后又出现发情现象，称为假发情。出现这种情况时，应结合其他方法，综合分析后才能做出诊断。

2）阴道检查法　用开膣器将阴道撑开，阴道黏膜由白色迅速（几秒）变为粉红色者为妊娠现象，未孕时阴道黏膜由白变红的速度较慢，但这并不是妊娠诊断的可靠的依据。插入开膣器时有干涩感，阴道壁上静脉明显，黏液量少而稠，能拉成丝状者，为妊娠象征。若阴道内黏液稀薄，量多，色灰白甚至呈脓性，则代表未孕。

3）腹壁触诊法　检查者双腿夹住羊的颈部，面向羊后躯，双手紧兜羊下腹壁，并用左手在右侧下腹壁前后滑动，感觉腹内有无硬物，有硬物即为胎儿。妊娠 3 个月以上时，可触及胎儿，腹壁薄者还能感觉到子叶。

4）超声波探测法　使用 B 超仪进行早期妊娠诊断，是一种无痛苦、无损伤和比较安全的活体诊断方法，对软组织的分辨率高，能实时显示探查部位的二维图像、动态变化及其与周围组织的关系，是目前公认的最迅速、最安全、最有效的羊妊娠检测手段，经验丰富的技术人员在配种后 25 天即可查出母羊是否妊娠，40 天准确率达到 99%。

B 超仪有直肠探头和腹壁探头两种，以腹壁探头为主，其检查方法是：母羊站立保定，将被毛向两侧分开，在皮肤和探头上涂以耦合剂，将探头朝着对侧后方（即骨盆入口处），紧贴皮肤进行探测，并缓慢移动探头，调整探射波的方向，使探查的范围成为扇形。孕羊可观察到胎体、羊水、胎盘子叶以及胎心搏动；如观察不到，表明未孕。

超声波 D 型多普勒诊断仪比 B 超仪更准确，但价格昂贵。它利用其多普勒效应原理，探测母羊妊娠后子宫血流的变化、脐带的血流、胎儿的心跳和胎儿的活动，并以声响信号显示出来，从而进行妊娠诊断。妊娠母羊可探听到慢音（子宫动脉血流音）、快音（胎儿心音和脐带血流音）和胎动音（不规则的"犬叫音"）3 类声音信号。出现上述任何一种声音信号即可诊断为妊娠。

五、饲料与饲养管理标准化

（一）饲料的标准化

1. 羊的营养需要 根据羊在不同的生长时期所需要的营养水平不一样，经过研究把羊的生长育肥阶段划分为 3 个时期，即生长前期、生长中期、生长后期。羊体重在 10 ~ 20 千克时为生长前期，体重在 20 ~ 30 千克时为生长中期，体重为 30 千克以后为生长后期。此阶段划分方法已经被大家所广泛采用，不同的生长时期所需的营养见表 5-1。

表5-1 不同的生长时期所需要的营养

生长时期	体重（千克）	日增重（克）	代谢能（兆焦/天）	粗蛋白质（克/天）
生长前期	10 ~ 20	200	5.91	84
生长中期	20 ~ 30	200	6.80	87
生长后期	30 至出栏	200	8.04	94

羊与其他家畜一样，在生命活动中需要各种营养物质，主要有蛋白质、碳水化合物、脂肪、维生素、矿物质和水。

1）**蛋白质** 蛋白质是一种含氮化合物，它的基本组成是氨基酸。氨基酸的种类很多，但组成蛋白质的仅有 20 多种。蛋白质是构成羊体组织、细胞的主要成分，是维持生命正常代谢、生长、繁殖和生产各种产品所必需的营养物质。

羊是反刍动物，能利用瘤胃中的微生物制造氨基酸，合成高品质的菌体蛋白质。因此，对饲料蛋白质的品质要求不是很严格。瘤胃中的微生物能利用非蛋白质含氮化合物（如尿素、铵盐），将之转化为羊体所需要的蛋白质。根据这一特点，可在羊的日粮中添加适量尿素作为饲料蛋白质的代用品。一般山羊日粮中蛋白质含量在6% ~ 10% 时，添加尿素的效果最好。

2）碳水化合物　碳水化合物的主要功用是为机体提供能量，参与黏多糖、糖蛋白等物质的合成，是维持机体正常体温和生命活动的必需物质。饲料中的碳水化合物主要是淀粉和纤维性物质，它们主要经羊瘤胃中的微生物作用而被分解、吸收。

羊对粗纤维的消化率可达 50% ~ 90%。为提高羊对粗纤维的消化率，可从以下几种措施进行：一是日粮中的粗蛋白质水平应达到 10% ~ 14%；二是饲料中粗纤维的含量不能过高，一般应控制在 16% ~ 18%；三是在日粮中添加适量盐可提高粗纤维的消化率；四是将粗饲料适当切短后饲喂，但不可切得过短或粉碎，这样反而会降低消化率，一般切成 3 ~ 4 厘米为好。

3）维生素　维生素分为脂溶性维生素（包括维生素 A、维生素 D、维生素 E、维生素 K 等）和水溶性维生素（包括 B 族维生素、维生素 C 族）两大类。它在机体新陈代谢、能量转换和神经调节上起重要作用。维生素缺乏时，对机体的健康、生长和繁殖力均会产生不良的影响，严重时会造成死亡。

羊可以通过瘤胃中的微生物合成 B 族维生素，可以通过肠道微生物合成维生素K。因此，羊的饲料中一般只需补充脂溶性维生素 A、维生素 D、维生素 E。特别是在冬春枯草季节、舍饲期、母羊妊娠期和种公羊配种高峰期，要经常在饲料中补充一些胡萝卜、青干草、大麦芽等，也可直接到当地兽医站购买多种维生素，按说明拌入精饲料中饲喂。

4）矿物质　许多矿物质是机体新陈代谢和生命活动必需的物质。在山羊营养中重要的矿物质主要有钙、磷、镁、钾、钠、氯、硫、铁、铜、锌、钴、碘、硒等，其中最主要的是钙、磷、钠和氯。

植物性饲料中所含的钠和氯，不能满足羊的需要，必须在饲料中补充氯化钠（食盐）。同时，补盐还能刺激羊的食欲。一般将盐和其他需补充的矿物质制成砖，任羊舔食。在放牧条件较好的季节，可不必补充钙和磷，但妊娠母羊、哺乳母羊、种公羊和生长发育羊，以及在舍饲期的羊，需补充一定量的钙和磷。钙和磷含量较高的饲料主要有骨粉、磷酸钙等，一般种公羊每日需补骨粉 10 克左右，其他羊和杂交羊每日需补 5 克左右。

5）水　水是动物所必需的最重要的营养物质之一。体内各种代谢和生命活动的过程都需要水的参与。机体失水 10%，代谢就有可能紊乱；机体失水 20%，动物就有死亡的危险。所以要保证水的供给和注意饮水卫生。一般肉羊每采食 1 千克干饲料需水 2 ~ 4 千克。

2. 饲料的种类及营养 饲料种类繁多，分布甚广，按其来源特点，可分为植物性饲料、矿物性饲料和特种饲料等。饲料的种类见表 5-2。

表5-2 饲料的种类

名称		种类
植物性饲料	青饲料	栽培青饲料、天然牧草、蔬菜等
	块根	块茎、瓜类饲料
	粗饲料	干草、秸秆、秕壳等
	籽实饲料	禾本科、豆科籽实等
	加工副产品饲料	糠麸、油饼、糟粕等
矿物性饲料		食盐、骨粉等
特种饲料		尿素、酵母、添加剂等

在实际生产中，通常将饲料简单地分为青饲料、粗饲料和精饲料 3 类。

1）青饲料 青饲料在养羊生产中具有重要的作用，它不仅营养物质全面，鲜嫩多汁，易于消化，适口性强，而且种类繁多，来源广，可利用时间长。

（1）营养特点

①青饲料是一种营养物质相对平衡的饲料。青饲料中粗蛋白质含量丰富，蛋白质消化率高，品质优良，生物学价值高。粗蛋白质含量一般占干物质重的 10% ~ 20%，其特点是叶片中含量较茎秆中多，豆科比禾本科多。粗蛋白质消化率高，如苜蓿的粗蛋白质消化率达 76%。粗蛋白质品质较好，所含必需氨基酸较全面，赖氨酸、组氨酸含量较多（蛋氨酸较少），对生长生殖和泌乳量都有良好作用。青饲料从幼嫩到结籽过程中，天冬氨酸和谷氨酸逐渐增多，而精氨酸和赖氨酸逐渐减少。所以说青饲料的生物学价值有随着植物成熟而逐渐下降的趋势。

②维生素含量较高。胡萝卜素的含量是决定饲料营养价值的重要因素之一，而青饲料则含有大量的胡萝卜素。其特点是豆科中的胡萝卜素、B 族维生素的含量高于禾本科，秋草中的维生素含量不及春草。此外，青草中还含有丰富的硫胺素、核黄素和烟酸等 B 族维生素，以及较多的维生素 E、维生素 C 和维生素 K 等。

③钙、磷差异较大。青饲料按干物质算,钙含量0.2%～2.0%,磷含量0.2%～0.5%,豆科植物钙含量特别多。青饲料中的钙、磷多集中于叶片,它们占干物质的百分比随着植物的成熟而呈下降的趋势。

④碳水化合物中氮浸出物含量较多,粗纤维较少,容易被消化吸收。青草纤维素少,适口性好,有刺激消化腺分泌的作用,因而消化率高。在日粮中加入青草,会使整个粗饲料利用率有所提高,故可认为青饲料是羊的保健性饲料。

（2）利用特点　青饲料的利用特点和营养价值高低主要取决于作物种类和生长时期。一般随着植物的成熟,茎叶迅速变硬变粗,利用价值也随之下降。为了保证青饲料品质,应该掌握适时收割,收割时期以盛花期为好。

青饲料的利用方式有放牧和青刈两种,其中人工栽培牧草生长繁茂,为提高产量,一般以青刈为主。许多野草生长在田边、沟旁,可以放牧,但为防止羊只偷吃庄稼,也可刈割。无论放牧和青刈都必须做到青饲料轮供:在青饲料生产旺季应注意加工贮藏,使之不致因生产过剩而造成浪费。在青饲料的利用上采取放牧和青刈相结合的方法,可使其利用更为合理。以青刈补充放牧的不足,以放牧增加舍饲羊的运动量,二者结合,可增进羊的健康和提高生产力。

2）粗饲料　粗饲料是粗纤维含量高、体积大、营养价值低的一类饲料。这类饲料来源极广,它包括干草、秸秆和秕壳。干草是栽培或野生青草刈割后经风吹、阴干或人工干燥制成的,营养价值较高;秸秆和秕壳是籽实收获后剩余的茎叶及皮壳,如玉米秸、各类豆秸、玉米叶、高粱叶、荚壳、麦壳、花生秧、地瓜蔓等。由于作物已经成熟,大部分养分已集中于籽实内,茎叶粗纤维含量增高,所以它们的营养价值比干草低。

（1）营养特点

①粗纤维含量高。干草的粗纤维含量为25%～30%,秸秆秕壳类为25%～30%。粗纤维中含有较多的木质素,很难消化,如苜蓿干草粗纤维的消化率只有45%,大豆秕壳为36%。在粗饲料中,特别是在秸秆秕壳类中主要是半纤维及多戊糖的可溶部分,无氮浸出物中缺乏淀粉和糖,因此,消化率低。

②粗蛋白质的含量差异大。粗蛋白质含量以豆科干草、秸秆、荚壳及地瓜蔓等较多,禾本科干草居中,禾本科秸秆、秕壳最低。例如,豆科干草和甘薯蔓含粗蛋白质为8%～18%,禾本科干草为6%～10%,秸秆秕壳仅为3%～5%。秸秆秕壳饲料粗蛋白质很难被消化。

③钙、磷含量较高。粗饲料中甘薯蔓含钙在 1.69% 以上，豆科干草和秸秆、荚壳含钙亦很高，在 1.5% 左右，禾本科干草和秸秆含钙量较低，为 0.2% ~ 0.4%。磷的含量，各种干草为 0.15% ~ 0.3%，而各种秸秆多在 0.1% 以下。粗饲料含钾较多，属碱性饲料。

④各种维生素含量不等。维生素 D 含量丰富，其他维生素含量则较少。优良的干草中有较多的胡萝卜素，日晒后品质不良的干草含胡萝卜素很少，秸秆和秕壳几乎没有胡萝卜素。干草中含有一定量的 B 族维生素，其中豆科干草，如苜蓿干草的核黄素含量相当丰富，秸秆类中缺乏 B 族维生素。各种粗饲料，特别是日晒的豆科干草含有大量维生素 D，是舍饲羊维生素 D 的良好来源。

（2）利用　粗饲料中虽然含粗纤维多，难以消化，营养价值偏低，但它却是小尾寒羊的主要饲料。在长期的饲养过程中，小尾寒羊对粗饲料形成了较好的适应性和较高的消化能力，这也与小尾寒羊特殊的消化器官有关。羊消化道的容积很大，必须以粗饲料来填充，才能保证消化器官正常地蠕动并在生理上有饱的感觉。因此，粗饲料是羊很重要的基础饲料，特别是在冬季草枯、水冷季节，对维持羊体健康和一定的生产水平是十分必要的。为了提高粗饲料的利用价值,在收藏和饲喂时应注意以下几个问题：

①各种干草和秸秆叶片部分的养分含量较茎部多，营养价值较高，因此在调制和收藏粗饲料时，要注意不损失叶片。在农作物收割时期，在籽实已经成熟而不影响产量时，应尽可能提早收割，以免植物木质化程度加深。采取这种措施，可进一步提高各种秸秆的品质。干草和秸秆必须充分暴晒，然后堆垛，以减少饲料的浪费，防止饲料腐烂变质。

②单一的禾本科秸秆，如稻草、麦秸等，所含的粗蛋白质、钙、磷等营养物质都不能满足羊的营养需要，故应与粗蛋白质、钙和磷含量较多的豆科干草搭配使用，以提高粗饲料的利用率。粗饲料一般缺磷，除优质干草外，胡萝卜素含量极少，甚至没有，所以适当补喂少许骨粉和青绿饲料是十分必要的。

有些地方为节省人力，常把整株玉米秸秆放在羊舍内，让羊选吃上部的茎梢和叶片，将余下的部分作燃料。用豆秸喂养，也常采用这种方法，羊只吃上部的细茎和豆荚，残留的粗茎则作垫料。这种方法在农区是可行的。

③为了提高秸秆类的消化率和适口性，可以采取喷洒盐水、发酵、碱化等理化或生物学的方法处理。在喂秸秆的同时加喂青绿多汁饲料，可以显著提高粗饲料的消化率，同时也增强了饲料的适口性。

3）精饲料　各种作物的籽实和农副产品都是羊的精饲料，其特点是：可消化营养物质含量高，体积小，粗纤维少，是羊重要的补充饲料。精饲料又分籽实类饲料和加工副产品饲料。

（1）籽实类饲料　这类饲料主要有禾本科籽实（玉米、高粱、大麦）和豆类籽实（大豆、豌豆等），其营养和利用特点表现为：

①禾本科籽实。禾本科籽实干物质中以无氮浸出物（主要是淀粉）为主，占干物质的 73% ~ 80%，其中玉米是家畜最好的热能来源，是育肥羊的良好饲料。但单用玉米育肥羊时，会造成肉质和脂肪松软现象，因此，必须与其他饲料，如豌豆、大麦等配合饲喂，效果可更好。

②豆类籽实。豆类籽实粗蛋白质含量高，一般占 20% 以上，为禾本科籽实的 1~3 倍，且品质好。大豆富含蛋白质及脂肪，无氮浸出物也多，所以含量较高。大豆因含丰富的具有完全价值的蛋白质，所以是生产羔羊和泌乳羊的最好蛋白质饲料。大豆以熟饲最好，熟饲可以破坏其所含的抗胰蛋白酶，增加适口性，从而提高蛋白质的消化率及利用率。

（2）加工副产品饲料

①糠、麸。糠与麸都是由籽实的种皮及大部分的胚和小部分的胚乳组成，由于胚乳中的大部分淀粉被提取，无氮浸出物比籽实少，粗蛋白质的质量居于豆科籽实与禾本科籽实之间，粗纤维含量占 3% ~ 5%。维生素中以维生素 B_1、烟酸含量较高，其他物质含量甚微。麸皮质地疏松，在消化道内可改善日粮的物理性状，促进消化吸收。

②油饼类。此类饲料常用作蛋白质补充饲料，是重要的蛋白质饲料来源。常用的有大豆饼、棉籽饼、菜籽饼和花生饼等。饼类饲料中可消化粗蛋白质一般在 30% ~ 40%，氨基酸组成较完全，禾本科籽实类饲料中所缺乏的赖氨酸、色氨酸、蛋氨酸在油饼类饲料中含量很丰富，苯丙氨酸、苏氨酸、组氨酸等含量也不少。因此，豆饼中粗蛋白质的消化率和利用率均高。大豆饼粗蛋白质含量一般在 43% 以上，其他必需氨基酸的含量比其他植物性饲料都高，因此它是植物性饲料中生物学价值最高的一种饲料，而且味道芳香，适口性好，各种羊都喜欢吃，可作羔羊、种公羊、孕母羊和哺乳羊的蛋白质补充饲料。

饲喂油饼类需要注意不要饲喂过量，因为羊暴食后易引起消化不良、瘤胃臌胀等疾病。过多地采食，不仅是一种浪费，而且也不符合羊食草的生物学特性，一般是在营养缺乏的情况下才给予一定的补饲。

此外，油饼类饲料含硫酸基较多，硫酸基是形成羊毛的原料，常喂油饼类饲料，可促进羊毛增长和提高羊毛产量。

3．秸秆饲料的加工处理技术

1）秸秆饲料碱化处理技术

（1）氢氧化钠处理技术　有湿式碱化法和干式碱化法两种

①湿式碱化法。即把秸秆在15%氢氧化钠溶液中浸泡一昼夜，然后取出用大量的清水漂洗，去除余碱，沥干，用来饲喂家畜。这种方法可使秸秆饲料的消化率由40%提高到70%，并使其净能浓度达到优质干草水平，家畜每千克代谢体重的采食量可从27千克提高到37千克。缺点是漂洗时干物质营养损失大，而且大量含碱的洗涤水容易造成环境污染，因而未获普及。

②干式碱化法。即应用氢氧化钠溶液喷洒秸秆，每100千克秸秆用1.5%氢氧化钠溶液30升，随喷随拌，或喷后再放置几天，不用水洗而直接饲喂家畜。此种方法处理的秸秆，家畜采食量可提高48%，干物质消化率可提高12%～16%，应用较广。另外，还可使用干式碱化法生产颗粒饲料，即在切碎的秸秆中加入1.5%氢氧化钠溶液和尿素溶液，制成颗粒。压粒时由于压力大，温度高（90～100℃），加快了破坏木质素细胞组织的过程，秸秆的消化率可提高1倍。

氢氧化钠处理的优缺点：优点是化学反应迅速，反应时间短；对秸秆表皮组织和细胞木质素消化障碍消除较大；家畜对秸秆的消化率和采食量提高明显，易于实现机械化商品生产。缺点是家畜食入碱化秸秆饲料随尿排出的大量钠污染土壤，易使局部土壤发生碱化；秸秆饲料碱化处理后，粗蛋白质含量没有改变；处理方法较繁杂，费工费时；而且氢氧化钠腐蚀性强。

（2）石灰处理法　有石灰水浸泡法和生石灰喷粉法两种。

①石灰水浸泡法。即将秸秆切（铡）成2～3厘米长，置于1%～3%的石灰水中，浸泡2～3天后取出放在栅板或倾斜面上，滤去残液，不需用清水冲洗即可饲喂家畜。用此种方法处理秸秆，消化率可由40%提高到70%。

制作石灰水时，应先用少量的清水将石灰溶解，然后再加大量的水至全量，秸秆与石灰水的比例一般为1：（2～2.5），搅拌均后，滤去杂质即可使用。为提高处理效果，应在石灰水中加入占秆重1%～1.5%的食盐。石灰水可以继续使用1～2次。石灰水化处理法是比较经济的方法。

②生石灰喷粉法。即将切碎秸秆的含水率调至30%～40%，然后把生石灰粉均

匀地撒在秸秆上，使其在潮湿的状态下密封 6 ～ 8 周，取出即可饲喂家畜。石灰的用量为秸秆重的 6%。也可按 100 千克秸秆加 3 ～ 6 千克生石灰拌匀，放适量水以使秸秆浸透，然后在潮湿的状态下保持 3 ～ 4 昼夜，即可取出饲喂。用此种方法处理的秸秆饲喂家畜，可使秸秆的消化率达到中等干草的水平。

石灰处理的优点：石灰处理秸秆的效果，虽然不如氢氧化钠，但其具有原料来源广，成本低，又不需清水冲洗等优点，还可补充秸秆中的钙质。经石灰处理后的秸秆消化率可提高 15% ～ 20%，家畜的采食量可增加 20% ～ 30%。由于经石灰处理后，秸秆中钙的含量增高，而磷的含量却很低，钙、磷比达（4 ～ 9）：1，极不平衡，因此在饲喂此种秸秆饲料时应注意补充磷。

铡碎的秸秆分层装入，每层厚 0.5% ～ 2% 氢氧化钠和 0.5% ～ 2% 石灰混合液分层均匀喷洒，并层层压实。混合液的喷洒量为每千克秸秆喷洒 50 ～ 250 千克，处理时间为 1 周。

（3）机械处理法　上述秸秆的化学处理法，主要为手工操作，费工、费时，生产效率较低。因此，要提高秸秆饲料的生产效率，秸秆的化学处理应向机械化处理的方向发展。

我国研制出邢 TH 一礴 00 型秸秆化学处理机。该种设备主要由喂料、风送、药液供给、搅拌等部分组成。喂料部分由料槽、带式输送器、输料控制器组成，能将散乱的秸秆均匀喂入机内；药液供应及喷洒部分由药液泵、缓冲罐、传动离合器及药液喷嘴等组成，可根据秸秆化学处理的工艺要求，将化学处理剂以雾化形式连续、定量、均匀地喷洒在秸秆上；搅拌部分由动盘、定盘及壳体等组成，通过搅拌部件对秸秆揉搓、撞击、搅拌作用，可使秸秆沿纵向纤解，纤解率达 90% 以上；搅拌后的成品料由吹送机送出，落于饲料堆放处。该机采用的化学处理剂主要有氢氧化钠、石灰、尿素等单一处理液，也可使用复合液及液体添加剂等化学试剂进行处理（图 5-1）。

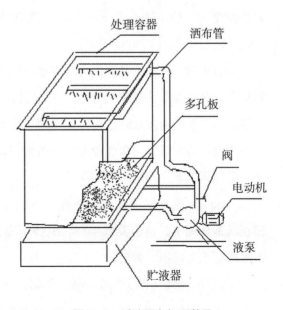

图 5-1　碱液洒布处理装置

机械处理的优点是经用该种方法加工处理的秸秆饲料，质地松软，气味清香，含氮量可提高 1 ～ 2 倍，粗蛋白质含量可达 7% ～ 15%，粗纤维提高 30%，家畜采食量可提高 10% ～ 40%，并且长期贮存不变质。缺点是需要固定专用机械设备，投资大，成本高，适用于较大型的养殖场使用。

2）秸秆饲料的氨化处理方法

（1）堆垛氨化法　堆垛氨化法又称堆贮法或垛贮法，是指将秸秆堆垛在一起，用塑料薄膜密封，注入氨化剂进行氨化处理的一种方法。

①氨化前的准备。

A. 场地及秸秆准备：堆垛场地应选择在交通方便、向阳、背风及排水良好的地方，地面要求平整，中部微凹陷，以蓄氨水。秸秆应选择新鲜、干净、干燥、色鲜的，不能使用发霉变质的秸秆进行氨化。氨化前要将切碎的秸秆的含水率调节为 20%，再混匀打垛。

B. 氨化剂及其用量：目前，我国氨化秸秆的主要氨化剂有尿素、氨水、液氨和碳酸氢铵等。各种氨化剂的使用量不同，在氨化前应根据氨化秸秆的数量准备好足够的氨化剂。

秸秆堆垛氨化法最好使用氨水或液氨处理，这种处理效果好，作用快，价格便宜，尤其是液氨为最经济的氨源，应用较广泛。

C. 塑料薄膜：选用无毒、抗老化和密封性能好的聚乙烯塑料薄膜，厚度不低于 0.2 毫米。严禁使用聚氯乙烯塑料薄膜，以防毒害。聚乙烯塑料薄膜的大小依秸秆垛体大小而定，一般下铺 6 米 × 6 米，上置 10 米 × 10 米规格的垛体，可氨化长麦秸 1 500 千克或短麦秸 3 000 千克。

D. 注氨管：注氨管是周围有许多小孔的无缝钢管，管径 30 毫米，管长 3 米，前 2 米管子上有许多 2 毫米的小孔，孔呈螺旋线排列。注氨管常以 3 根为 1 组使用。注氨管的末端用橡皮软管连接在氨水罐的配管上或氨水罐车上。

用尿素溶液进行氨化作业时，还应配备水桶、喷壶及秤等设备。

②氨化步骤。

A. 铺膜：将塑料薄膜就地铺好，将长度方向折叠 3 折置于上风头，余下的 2/5 铺在场地地面上。地面要求平整，地势稍高，但其中部要微凹陷，以贮蓄氨水。塑料薄膜要求无破损、漏洞。

B. 堆垛：将切（铡）碎的麦秸、稻草、玉米秸等，堆垛在用塑料薄膜铺底的场地上，压实，薄膜四周可留出 45 ～ 75 厘米的边，以用于上下折叠压封。采用氨水处理时，可一次垛到顶，顶部成凸形或脊形，以防积水。用液氨处理时，在堆垛的过程中，可将注氨管置放于垛中，以备注氨。如插注氨管时，可先在垛内放置 1 根木棒，待注氨时抽出后插入注氨管。垛好秸秆，盖上塑料薄膜，三面封严（图 5-2）。

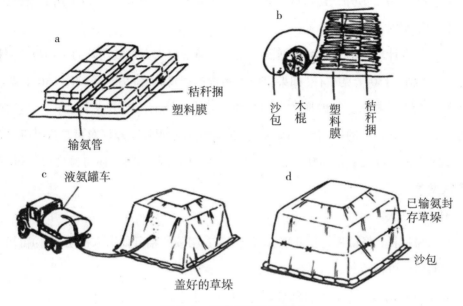

图 5-2　草垛液氨化示意图

C. 注氨或喷洒尿素溶液：氨罐车可停放在堆垛的上风头，将注氨管从未封的一面插入秸秆垛内，可同时插入 3 根注氨管注氨。注氨完毕，将注氨面上的塑料薄膜对折叠后用湿土压严或泥抹封严。使用钢瓶时，应将钢瓶卧放，使液阀、气阀上下垂直在一条线上。用尿素处理秸秆时，每垛 30 ~ 50 毫米高，应喷洒 1 次尿素溶液。注入氨水最常用的浓度为 20%，注氨水量为小麦秸秆干物质重量的 3% 时，含氮量为 1.65% ~ 1.98%，相当于粗蛋白质 10.2% ~ 12.35%。

喷洒尿素最常用的浓度为 1% ~ 2%，喷洒时应尽可能分层、均匀、细雾化地喷洒在秸秆上。

D. 氨化期间的管理：在整个氨化过程中，应加强全程式管理，以防人畜和冰雹、雨雪的破坏，防止漏入雨水，引起秸秆霉变。

E. 氨化秸秆的饲用：氨化秸秆成熟后，将塑料薄膜掀开一边，充分放走余氨，1 ~ 3 天后即可饲喂。如果暂时不饲用，不要开封，继续密封，长期贮存不会变质。启封后的氨化秸秆，最好不超过 1 个月即饲喂完，以防止营养物质损失过多。同时应防止雨淋。

（2）窖贮氨化法　窖贮氨化法是指用水泥制成青贮窖进行秸秆氨化的方法。此法是我国目前推广应用较普遍的一种秸秆氨化方法。

①窖贮氨化的优点。用青贮窖进行秸秆氨化，可以节省塑料薄膜，占地也少，而且可以防鼠害。另外，还可以一窖多用，既可用来氨化秸秆，也可用来青贮，并且可以长年使用。

②窖的设计。窖的大小可根据需要设计。通常每立方米装切碎的干秸秆（麦秸、稻草、玉米秸）150千克左右，如果用作于制青贮饲料，每立方米可制作650千克（秸秆干物质25%）左右。窖的形式多种多样，可建在地上、地下或半地下。一般建成长方形为好。若在窖的中间砌一隔墙，建成双联窖则更好。双联窖可轮换处理秸秆，一个2米³的窖可装麦秸300千克。若用此窖制作青贮饲料，还可减轻取用过程中的二次发酵。

③操作方法。

A.切短秸秆：将秸秆切（铡）成2厘米左右，粗硬的秸秆如玉米秸切（铡）得短些，较柔软的秸秆可稍长些。

B.喷洒氨化剂：把尿素（或碳酸氢铵）溶于水中，搅拌至完全溶化后，再用喷壶均匀地喷洒到秸秆上，边喷洒边搅拌，喷洒一层，踩压一层，一直到装满后用塑料薄膜覆盖密封，再用细土压好。

C.氨化剂的用量：尿素分解为氨的速度，与环境温度、秸秆内生脲酶的多少有关。温度越高，尿素分解为氨的速度越快。不同条件下秸秆氨化所需要用的尿素或碳酸氢铵的量见表5-3。有时为了使尿素分解加快，需加点脲酶丰富的东西如黄豆面等。

表5-3　不同条件下秸秆氨化所需要用的尿素或碳酸氢铵的量（千克）

项目	温度在5~10℃，每100千克秸秆（干物质）用量	温度在20~27℃，每100千克秸秆（干物质）用量	每100千克秸秆（干物质）加水量
尿素	8	5.5	60
碳酸氢铵	6	12	60

D.氨化时间：尿素（或碳酸氢铵）氨化秸秆所需要的时间大体与液氨氨化相同或稍长。

秸秆氨化除用堆垛或窖贮外，还可用塑料袋或水缸进行。

（3）氨化炉氨化法　氨化炉氨化法是利用氨化炉装置进行秸秆氨化处理的一种方法。

①氨化炉的结构。氨化炉由炉体、加热装置、空气循环系统、电气控制装置和料车等组成。国内常用的有两种氨化炉：

A. 土建式氨化炉：是用砖砌墙，泡沫水泥板做顶盖，整个炉内水泥抹面，仅在一侧装门，门上镶嵌岩棉毡，并包上铁皮。炉内尺寸为 3 米 ×23 米 ×23 米，一次氨化秸秆量为 600 千克。左右侧的下部分别安装有 4 根 12 千瓦的电热管，合计功率为 9.6 千瓦。后墙中央上下各开一风口，与墙外的风机和管道相连，加温的同时开启风机，使室内氨浓度和温度均匀。

B. 集装箱式氨化炉：利用淘汰的集装箱改装，改装时将其内壁涂上耐腐蚀材料，然后用 80 毫米厚的岩棉毡镶嵌起来，表层覆上塑料薄膜，外罩玻璃纤维加以保护，以达到隔热保温的效果。在右侧的后部装上 8 根 15 千瓦的电热管，合计功率 120 千瓦。在对着电热管的后壁上下各开一风口，与壁外的风机和管道相连，在加温过程中，风机吹风使箱内的氨浓度及温度均匀。一次氨化量为 1 200 千克，集装箱内部尺寸为 6.0 米 ×23 米 ×2.3 米。

②操作方法

A. 秸秆装炉：将秸秆打成捆装入炉内；或在炉内外地面铺设轨道，把秸秆装入料车，压实后推入炉中进行快速氨化处理。

B. 注氨：秸秆装入氨化炉后，应关门密封，立即注氨，防止时间过长秸秆霉变。

C. 加热：注氨后 1 ~ 2 小时，待氨气溶于秸秆的水分中后进行加热。先启动通风机，后接通电热器。一般炉温调节到 85 ~ 90℃，使氨气在炉内循环流动 12 小时，然后关掉风扇和加热器，继续密封 5 ~ 6 小时（闷炉）后，开门放氨。

3）影响氨化效果的因素　影响秸秆氨化效果的因素较多，归纳起来主要有以下几种：

（1）温度　氨化处理秸秆要求有较高的温度，一般温度越高，氨化作用越快。据报道，液氨注入秸秆垛中后，温度的上升决定于开始的温度、氨的剂量、含水率和其他因素。最高温度在草垛顶部，1 ~ 2 周后下降并接近周围温度。周围的温度对氨化起重要作用。所以氨化应在秸秆收割后不久、气温相对高的时候进行最为适宜。

（2）时间　氨化处理的时间长短决定于温度。秸秆氨化处理时间和温度见表5-4。使用尿素处理的秸秆，一般比用氨水要延长 5 ~ 7 天。

表5-4　秸秆氨化处理时间和温度

温度（℃）	0~5	5~15	15~20	20~30	30~85	85
时间	8 周以上	4~8 周	2~4 周	1~3 周	少于 1 周	24 小时

（3）秸秆含水率　秸秆含有一定的水分，有利于增加其有机物消化率，但水分过大容易霉坏，因此，在不致引起霉变的条件下，应尽量提高秸秆的含水率。据试验，秸秆氨化以含水率15% ~ 20% 较为合适；尿素与碳酸氢铵处理秸秆的含水率以45% 左右较为合适。

（4）秸秆的类型　由于各类秸秆的营养价值（主要是消化率）不同，其氨化效果也不同。在谷类秸秆中燕麦秸秆较大麦秸秆易于消化，大麦秸秆又较小麦秸秆易于消化。黑麦秸秆的有机物消化率平均为 42%，与小麦秸秆接近。粗蛋白质含量也以燕麦秸秆和大麦秸秆为高。稻草与其他谷类秸秆相反，其茎秆的消化率比叶子高，稻草含有相当多的硅，而木质素含量则较少。谷草和荞麦秸秆的消化率和营养价值较高，都在小麦秸秆之上。而玉米秸秆的营养含量与消化率均优于其他秸秆，因其含有较多的脲酶，适于用尿素处理。

除禾谷类秸秆外，向日葵秸秆、蚕豆秧（带叶）其营养价值都不错，均可氨化处理作为饲料。

4）氨化秸秆饲料的保存

（1）经常检查　氨化秸秆在垛中或其他容器中可保存很长时间，只要塑料薄膜或容器不破、不漏氨，就不会霉败变质。但必须要经常检查，防止鼠害、人畜践踏和风吹雨打损坏塑料薄膜。一经发现破损，应立即进行修补。

（2）适时开窖　饲用秸秆氨化成熟后即可开窖或开垛饲喂家畜。但如果是用液氨处理的，秸秆的含水量在 20% 以上时，可先打开一部分，晾晒一两天，待放走剩余的氨后再饲喂，喂完后再打开一部分晾晒后再喂。

如果是用尿素或其他氨源处理的，含水量较大，应将垛顶的塑料薄膜全部取掉，将整垛的草全部晾晒，干燥后放入草棚或房舍内备用。

氨化炉处理的秸秆饲料可贮存 1 个月左右，时间过长，其营养价值降低。

（3）打捆 为了便于搬运贮存，秸秆最好打捆。一般根据需要，可用秸秆压捆机把处理好的秸秆压成直径 12 厘米、长 50 厘米、密度为 500 ~ 800 千克／米³ 的草捆。

5）氨化秸秆饲料的品质鉴定 氨化饲料秸秆在饲喂之前应进行品质检验，评定其好坏，以确定能否用于饲喂家畜。鉴定方法主要有感官鉴定法、化学分析鉴定法和生物技术鉴定法 3 种。

（1）感官鉴定法 主要是根据氨化秸秆饲料的颜色、软硬度、气味等来鉴定秸秆的好坏。如果秸秆质地变软，颜色呈现棕黄色或浅褐色，释放余氨后气味烟香，说明秸秆已氨化好。如果秸秆变为白色、灰色，甚至发黑、发熟、结块，并有腐烂味，说明秸秆已经霉变，不能再喂家畜。如果秸秆的颜色跟氨化前一样，说明没有氨化好。

（2）化学分析鉴定法 通过分析秸秆氨化前后各项主要指标，如干物质消化率、粗蛋白质等，鉴定秸秆质量的改进幅度。据报道，利用青贮窖氨化秸秆，液氨剂量为秸秆重的 3%，氨化后的麦秸、稻草和玉米秸的粗蛋白质含量分别提高 5.44%、3.98% 和 5.02%，消化率分别提高 10.28%、24% 和 18%。化学分析鉴定法虽能准确测出秸秆的有关成分，如粗纤维、粗蛋白质等的准确含量，但不能全面地评价秸秆的营养价值，也不能反映家畜采食量的大小。

（3）生物技术鉴定法 是采用反刍动物瘤胃瘘管尼龙袋测定秸秆消化率的方法。据报道，用绵羊瘤胃瘘管尼龙袋法测定秸秆干物质瘤胃降解率，结果表明，氨化麦秸最大降解率为 77.06%，未氨化麦秸为 52.08%。

生物技术鉴定法在反刍动物瘤胃中进行消化试验，既可反映秸秆的消化率，又可反映秸秆的消化速度。

6）饲喂氨化秸秆饲料的注意事项

（1）释放余氨 氨化秸秆成熟后，要充分释放余氨，1 ~ 3 天后再饲喂。切不可不放尽余氨就饲喂，以防止家畜中毒。

（2）逐渐饲喂 开始饲喂家畜时，要有一过渡期，防止操之过急，影响育肥或产奶效果。未断奶的羊羔，因其瘤胃中微生物区系尚未形成，进食氨化饲料不但不易消化，还可引起中毒。因此，未断奶的羊羔应严禁饲喂氨化饲料。

（3）饲喂次数 一般每天饲喂 3 次，每次间隔时间应大约相等，每天采食的时间为 7 小时左右。对高产奶牛可适当增加饲喂次数和延长饲喂时间。除了定时饲喂外，还应在运动场内设补饲槽，多放置氨化秸秆饲料，任其自由采食。

（4）补充营养物质 为使家畜获取的营养趋于平衡，在饲喂氨化秸秆饲料的同时，应尽可能注意补充维生素、矿物质和能量等，如适当搭配胡萝卜、青草和青贮饲料等。一般氨化秸秆与能量饲料混喂的比例为 100：（2～3），同时还应注意补充钙、磷等矿物质。

（5）保证充足的饮水 在饲喂氨化秸秆饲料期间，要保证供足饮水。冬春天气寒冷时，可供给 20℃ 以上的温水。给水的方法有定时给水和自由饮水两种。定时给水一般在喂食后给，自由饮水可设置专用饮水器。

（6）防止中毒 氨化秸秆饲料不宜饲喂过多，应严格掌握用量。发现家畜有中毒现象时，首先要停喂氨化饲料，检查分析中毒原因，及时加以救治。

4. 秸秆饲料青贮的制作方法

1）秸秆饲料青贮的制作条件 为获得优质青贮，必须为青贮过程中的乳酸菌创造一个正常活动和抑制有害微生物繁殖生存的环境条件，使青贮原料从收割到青贮过程中自身的细胞呼吸作用所消耗的营养物质降低到最低限度，最终抑制乳酸菌发酵。

（1）控制呼吸作用 青贮原料收割后，应尽可能在短期内切短、装窖、压紧，排出窖内空气，封严。这是保持低温和创造厌氧环境的先决条件。一般质地粗硬的原料应铡切成 2～3 厘米的段，柔软的原料应铡切成 4～5 厘米的段。

（2）控制适宜含水率 控制原料适宜的含水率是保证乳酸菌正常活动的重要条件。青贮原料适宜的含水率为 65%～70%，含水率过高或过低，均会影响青贮饲料的发酵过程和青贮饲料的品质。

判断青贮原料含水率的简易方法：取一把铡短的原料，在手中稍轻揉搓，然后用力握在手中，若手指缝中有水珠出现，但不是成串滴出，则该原料中含水率适宜；若握不出水珠，说明水分不足；若水珠成串滴，则水分过多。含水率过高或过低的青贮原料，青贮时均应进行处理或调节。原料中含水率小于 65% 时，应适量均匀地加入清水或一定数量的多水饲料。若原料水分过多时，青贮前应稍晾干凋萎，使其水含水率到要求后再行青贮。如凋萎后，还不能达到适宜含水率，应添加干饲料混合青贮。

添加干饲料量的计算方法，可应用下式公式：

$$D=（A-B）/（B-C）×100$$

式中：A——青贮原料的含水率（%）；B——混合要求的理想含水率（%）；C——

拟添加干饲料的含水率（%）；D——每100千克原料应添加干饲料的重量（千克）。

2）青贮设施　常用的青贮设施主要有青贮窖（图5-3）、青贮壕、青贮塔等。

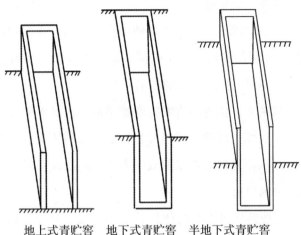

地上式青贮窖　地下式青贮窖　半地下式青贮窖

图5-3　常见的青贮窖

（1）青贮设施的要求　青贮设施要不透气、不透水，墙壁平直，便于下沉压实，排空气体，而且还要有一定的深度。深度应大于宽度，宽度与深度之比一般为1∶1.5或1∶1.2，以利于借助青贮饲料本身的重力来压实、排气。

（2）青贮方式

①青贮窖青贮：分地下式、半地下式和地上式3种，地下式适于地下水位较低、土质较好的地区，半地下式和地上式适于地下水位较高、土质较差的地区。青贮窖一般应建在地势较高，向阳干燥，土质坚实，距离畜舍较近的地方。有圆形或长方形，以长方形为多，一般宽1.5～2.0米，深2.5～3米，长度根据原料的数量而定。永久性青贮窖多用混凝土建成，半永久性青贮窖只是一个土坑而已。

青贮窖青贮的优缺点。优点是造价较低，操作也比较方便，既可人工作业，也可机械作业；青贮窖可大可小，能适应不同生产规模，比较适合我国农村现有的生产水平。缺点是原料青贮损失较大，尤以土窖为甚。

②青贮塔青贮。用钢筋、水泥、砖等材料建造的永久性建筑物，一般适于在地势低洼、地下水位较高的地区采用。塔的高度应根据设施的条件而定，在有自动装料设备的条件下，可以建造高达7～10米，甚至更高的青贮塔。为了便于装填原料和取用青贮料，青贮塔应建在距离畜舍较近之处，朝着畜舍的方向，从塔壁由下到上每隔1～1.5米留一窗口。

青贮塔青贮的优缺点。优点是青贮塔经久耐用，占地少，机械化程度高，而且青贮过程中养分损失少。缺点是一次性投资较高，设施比较复杂，以我国目前生产水平，除大型农牧场外，似乎难以推广。

③青贮壕青贮。青贮壕是一个长条形的壕沟，沟的两端呈斜坡（从沟底逐渐升高至地面平），沟底及两侧墙用混凝土砌抹。通常拖拉机牵引着拖车从青贮壕的一端驶入，边前进，边卸料，再从另一端驶出。

青贮壕青贮的优缺点。优点与青贮窖青贮略同，只是青贮壕更便于大规模机械化作业。拖车驶过青贮壕，既卸了原料又将先前的原料压实。此外，青贮壕的结构也便于推土机挖掘，从而使挖青贮壕的效率大为提高。缺点是青贮壕只适用于大规模青贮，对土地要求也较高。

④裹包青贮。一般每包可青贮秸秆 50 ~ 200 千克，适于原料不太集中，但能陆续供应的情况下使用（图 5-4）。

图 5-4　裹包青贮

裹包青贮的优缺点。优点是方法简单，贮存地点灵活，以及喂饲方便（喂饲一袋不影响其他袋）。缺点是人工袋装、压紧，效率较低，而且塑料袋容易破漏，影响青贮效果。只适于小规模、家庭式的饲养。

⑤草捆青贮。即将新鲜秸秆或牧草收割后，并压制成圆草捆，装入塑料袋并系

好袋进行青贮的一种方法。其原理、技术要点与一般青贮基本相同，该方法主要适用于牧草青贮。

草捆青贮的优缺点。主要优点是可以利用现有的牧草青贮机械，不需另购青贮机械。缺点是发酵程度低，冬天易冻结。

3）常用的几种秸秆青贮原料

（1）玉米秸青贮　收获玉米穗后的玉米秸是常用的青贮原料。及时收获玉米穗，同时收获玉米秸（此时玉米秸上能保留有 1/2 的绿色叶片），运到青贮地点切（铡）碎后入窖进行青贮。一般铡切成 2 厘米长，每层以 20～25 厘米厚为宜。装窖时要层层压实，排出空气，最后封窖。一般封窖贮存 50～60 天即可开窖作为饲料饲喂家畜。

青贮时若玉米秸已有 3/4 的叶片干枯，则每 100 千克的原料需要加水 5～15 千克。为了满足反刍动物对粗蛋白质及能量的要求，还可在玉米秸青贮时，层层添加尿素 0.5%、玉米粉 1.5% 和食盐 0.5% 等物质。

（2）鲜稻草青贮　将脱粒后含水率 70%～75% 的新鲜稻草切（铡）碎进行青贮。鲜稻草多用塑料袋青贮。青贮时先用稻草压捆机把切（铡）碎的鲜稻草压成直径 12 厘米、长 50 厘米、密度为 500～800 千克／米^3 的草捆，然后将其装入塑料袋密封进行青贮。

由于稻草的二氧化硅含量达 12%～16%，木质素含量达 6%～7%，难以被家畜消化吸收，需补充钙与糖，故应考虑采用添加剂的特种青贮法。

（3）甘薯秧、萝卜叶、甘蓝叶青贮　这些原料青贮是草食家畜及猪的好饲料。但因其含水分较高，一般不宜单独青贮，常将原料切（铡）短后与草粉或麦麸等混合后进行青贮；或将其含水率调节到 85% 以下后再进行青贮。

4）秸秆饲料特种青贮技术

青贮原料因植物种类、生长阶段和化学成分等不同，青贮难易程度亦有不同。难贮植物采用普通青贮法，一般不易制成优质青贮料，必须进行适当处理，或添加某些添加物，青贮品质才能保证，这种青贮方法叫特种青贮法，所添加的物质称为青贮饲料添加剂。常用的青贮饲料添加剂主要有微生物、酸类、防腐剂和营养性物质等，其目的是促进乳酸菌发酵，抑制不良菌发酵，提高青贮饲料的营养物质。常用的特种青贮技术有以下几种：

（1）加酸青贮技术　对于难贮的饲料，加一定量无机酸或缓冲液，可使 pH 迅速降至 3.0～3.5，腐败细菌和霉菌的活动受抑制，促进青贮饲料迅速下沉，发酵正常，从而达到长期保存的目的。常用的无机酸缓冲液为硫酸盐合剂，有机酸主要有甲酸、乙酸和丙酸等。加酸制成的青贮料，颜色鲜绿，味香品质好，蛋白质分解损失仅0.3%～0.5%，而一般青贮则达1%～2%。加酸青贮，可水解一部分粗纤维成低级糖，利于动物吸收。另外可减少胡萝卜素和维生素的损失。甲酸的添加量为100千克青秸秆原料加入85%甲酸2.5千克，丙酸和乙酸的添加量为青贮原料的0.5%～1%。

（2）加甲醛青贮技术　甲醛能抑制青贮过程中各种微生物活动，按青贮原料重量的0.1%～0.66%添加5%甲醛溶液青贮，在发酵过程中无腐败细菌活动，干物质仅损失5.3%～7%，而一般青贮为10%～11.4%，消化率比一般青贮提高20%。

（3）接种乳酸菌青贮技术　加发酵剂（由乳酸菌培养物制成）或混合发酵剂（由乳酸菌和酵母培养制成）青贮，可促进青贮料中乳酸菌的繁殖，抑制其他有害微生物的作用，提高青贮品质。一般1 000千克青贮原料加乳酸菌培养物0.5升或其他乳酸菌制剂450克。

（4）添加高蛋白青贮技术　在青贮原料中添加氨化物，通过微生物的作用，形成菌体蛋白，以提高青贮料中蛋白质含量。

据实验，在青贮原料中添加尿素、硫酸铵或氨水混合物0.3%～0.5%，能使1千克青贮原料增加可消化蛋白质8～11克。

（5）添加酶制剂青贮技术　酶制剂可使青贮原料中部分糖水解成单糖，有利于保持青饲料的特性与养分，提高青贮饲料的营养价值。酶制剂多是由胜曲霉、黑曲霉、米曲霉等浅层培养物浓缩而成，主要含淀粉酶、糊精酶、纤维素酶、半纤维酶等。一般按青贮原料重量的0.01%～0.25%添加酶制剂。

（6）低水分青贮技术　低水分青贮法又称半干青贮法，其含水率低，干物质含量较一般青贮多。由于经过风干，植物对于腐败菌、乳酸菌造成生理干燥状态，生长繁殖受到限制。在青贮过程中，微生物发酵微弱，蛋白质不被分解，有机酸形成数量少，也能保持较多的营养成分。

（7）添加盐青贮技术　在原料含水率低、质地粗硬、植物细胞液汁难渗出的情况下，添加些食盐进行青贮，可促进细胞渗出液汁，有利于乳酸菌的发酵。食盐添加量一般为青贮原料质量的0.2%～0.5%。

（8）混合青贮技术　将作物秸秆与青牧草等混合青贮，不但可以提高青贮饲料的适口性，还能提高其营养价值和消化率。一般禾本科秸秆与豆科牧草混合青贮，比例为1.5∶1；稻草、玉米穗轴、麦秸可磨成粉与含水率高的嫩牧草混合青贮，比例为1∶7。

5）青贮饲料的品质鉴定　青贮饲料品质鉴定常用指标有气味、颜色、结构等感官鉴定指标和 pH 指标。

（1）气味　品质优良的青贮饲料，用手接触后，手上留有极轻微的酸香味和芳香味，略带酒香味，可用以饲喂各种家畜；品质中等的青贮饲料香味极淡或没有，具有强烈的醋酸味，略有刺鼻、刺眼的感觉，经烘干后酸味弱，有焦面包香味，可饲喂除妊娠家畜、幼畜以外的其他家畜；品质低劣的青贮饲料具有一种特殊酸臭味，腐败发霉，刺鼻难闻，不适宜饲喂任何家畜，洗涤后也不能饲用。

（2）颜色　品质优良的青贮饲料，非常接近于作物原先的颜色。若青贮前作物为绿色，青贮后仍为青绿色或黄绿色为最佳（说明青贮原料收割适时）；品质中等的青贮饲料呈黄褐色或暗绿色（说明收割青贮原料时已有黄色）；品质低劣的青贮饲料多为暗色、褐色、墨绿色或黑色，发霉的还有白色物，与青贮原料原来颜色有显著的差异，营养损失严重，甚至全部损失。这种青贮饲料不宜饲喂家畜。

（3）结构　品质优良的青贮饲料压得非常紧密，但拿在手上又很松散，质地柔软，略带湿润，叶、小茎、花瓣能保持原来的状态，茎、叶纹理清晰。相反，如果青贮料呈黏滑状态，黏成一团，好像一块污泥，是青贮饲料严重腐败的标志。若质地松散、干燥粗硬，说明水分过多或过少，都不是优质青贮饲料，发黏、腐烂的青贮饲料均不适于饲喂家畜。

（4）pH　青贮饲料的 pH，可以用试纸测定。品质优良的青贮饲料 pH 在 3.8 ~ 4.4，品质低劣的青贮饲料 pH 在 5.5 ~ 6.0，品质中等的青贮饲料其 pH 在二者之间。有条件的地方，可以实验室测定有机酸（乙酸、丙酸、丁酸、乳酸）的总量构成，以此来判断发酵情况。

6）青贮饲料的饲喂技术

（1）启用时间　青贮饲料一般 6 ~ 7 周完成，可取出饲喂。

（2）启用方法　从青贮设施中开始启用青贮饲料时，要尽量避开高温和高寒季节。因为高温季节，青贮饲料容易发生二次发酵，或干硬变质；高寒季节，青贮饲料容易结冰。不管什么季节启用，都要按照青贮设施不同类型去取用。取用青贮饲料时，应以"暴露面最少以及尽量少搅动"为原则，逐层或逐段取用。取用后及时将暴露面盖好，尽量减少空气侵入，防止二次发酵，避免饲料变质。

青贮饲料在空气中容易变质，一经取出就应尽快饲喂，每天用多少取多少，不能一次大量取出堆放在畜舍慢慢喂用，一定要注意保鲜。

（3）饲喂方法　由于青贮饲料带有酸味，在开始饲喂时，家畜不喜欢采食，可采用先空腹饲喂青贮饲料，再喂其他草料的办法，先少后多，使其逐渐适应。也可将青贮饲料拌入精饲料中饲喂，再喂其他草料。

（4）饲喂量　青贮饲料是家畜良好的饲料，但由于营养不能完全满足家畜的需要，必须与精饲料或其他饲料按家畜营养需要合理搭配饲用。由于青贮饲料含水率高，干物质相对较少，其喂量也不宜过多。青贮饲料的饲喂量决定于家畜的种类、年龄、青贮饲料的种类及质量等。

（二）饲养管理的标准化

1. 种公羊、母羊的比例

1）种公羊和母羊的比例　一只种公羊到底能配多少只母羊不好确定确切的数。因为种公羊的繁殖力受到主观和客观条件两个方面的制约。发育良好，性欲旺盛的，可多配些，相反的可能要少。一般情况下，8 月龄至周岁种公羊配 10~25 只，周岁至 5 岁的种公羊，可以配 25~40 只母羊。这种比例是指自由交配和人工辅助交配时的比例。体质健康、性欲旺盛的种公羊在春、秋两季一天可以配 3~5 次，但是频繁配种时应增加含蛋白质较多的质量好的饲料，同时进行定期休息，因此应根据气候、营养条件和体质、性欲等各种因素确定比例。

2）羔羊的公母比　从总体上讲，公羔羊和母羔羊的比例大体上是一半对一半，但是对各个羊群和个体来说却有很大差异。一般情况下，羔羊的性别比例总是因种公羊而异，就是说有的种公羊的后代产公羔羊的多，有的产母羔羊的多，也有迹象表明，久久不配的种公羊，配种可能产公羔羊多。在母羊方面，公母羔羊的比例常与饲料有关系。比如精饲料和粗饲料的比例，饲料的盐碱度、季节、日照等。在孕期多吃些碱性物质，增加体内钠和钾的含量，可能产公羔羊的多；孕前多吃含钙、镁丰富而含盐分低的物质可能产母羔羊多。因此，多喂些青饲料和多汁饲料，适当减少谷类饲料能多产母羔羊。人工授精时，用弱碱性解冻剂解冻冻精产公羔羊多，因此用中性维生素 B 注射液作解冻剂，可能使精子活力和受胎率提高，并能增加母羊的比例。在配种前或人工授精前 20~30 分，向母羊宫颈口内 2~3 厘米处注入 5% 精氨酸 1 毫升，母羊比例显著增加。

2. 羔羊管理　从初生到断奶的小羊称为羔羊。羔羊一般 2 ~ 4 月龄断奶，羔羊

的生长发育速度较快，初生羔羊对外界环境适宜能力较差，饲养不当，容易生病，良好的饲养管理可以提高羔羊的成活率和生长速度。

1）羔羊的生长发育特点　羔羊在哺乳期，内脏器官迅速发育，特别是4个胃发育最快，初生羔羊的皱胃只有在乳汁的刺激下，才能初步产生消化能力，前3个胃里没有微生物，没有消化能力，2周后，瘤胃中开始出现微生物，并出现反刍，可以饲喂少量优质草料。

2）羔羊的饲养管理要点

（1）羔羊及时吃初乳　一般羔羊应在出生后1小时以内吃上初乳，这样羔羊可以从初乳中获得营养和免疫抵抗力。

（2）及早补料　羔羊一般在出生后10天开始训练采食营养全面的羔羊颗粒料，30日龄能够正常采食饲料，60日龄完全适应饲喂颗粒饲料。

（3）供应充足清洁饮水　15日龄以内饮温水，30日龄以后可以正常饮水。

（4）早期断奶　羔羊早期断奶有利于反刍活动和器官的发育，降低羔羊育肥的成本，羔羊一般在8周龄以后断奶。

（5）保持羊舍清洁卫生　羔羊的抵抗力较弱，容易生病，在清洁卫生的环境下可以减少疾病的发生，重要的是保持羔羊舍清洁干燥。

3）羔羊早期断奶　当羔羊生长到7周龄时，瘤胃内麦芽糖酶的活性才逐渐显示出来，8周龄时胰脂肪酶的活力达到最高水平，此时瘤胃已经充分发育，能采食和消化大量植物性饲料。因此，理论上认为早期断奶在8周龄较合理。早期断奶的主要好处：首先，大大缩短了母羊的产羔间隔；其次，母羊产羔后，2～4周达到泌乳高峰，3周内泌乳量相当于全期总泌乳量的75%，此后泌乳量明显下降，60日龄后母羊分泌的母乳营养成分已不能满足羔羊快速生长发育的营养需要；最后，通常传统的自然断奶方法会使羔羊瘤胃和消化道的发育迟缓，断奶过渡期较长，影响断奶后的育肥。羔羊早期断奶使羔羊较早的采食植物性饲料，能够促进羔羊消化器官，特别是瘤胃的发育，促进羔羊提早采食饲草料的能力，提高羔羊在后期培育中的采食量和粗饲料的利用率，同时可以建立起羔羊瘤胃内消化代谢的动态平衡。只要早期断奶的措施得当，羔羊增重对于饲料的利用率要高于母羊采食饲料转化为母乳后再饲喂羔羊的转化率。早期断奶的技术要点是：

（1）尽早补饲　羔羊出生后1周开始跟着母羊学吃羔羊颗粒饲料，在15～20日龄继续饲喂颗粒饲料，以促进其瘤胃发育。1月龄后让其采食开食料，开食料为易消化、柔软且有香味的湿料。并单设补充盐和骨粉的饲槽，促其自由采食。

（2）逐渐断奶　羔羊计划断奶前10天，晚上羔羊与母羊在一起，白天将母羊与羔羊分开，让羔羊在设有饲料料槽和饮水槽的补饲栏内活动，羔羊活动范围的场地应干燥、防雨、通风良好。

（3）防疫　羔羊育肥常见的传染病有肠毒血病和出血性败血病等，可用三联四防灭活干粉疫苗在产羔前给母羊注射预防，也可在断奶前给羔羊注射。

3. 引进羊只运输管理　车辆运输对羊只的影响较大，如果运输时管理不当会导致羊只引进后很长一段时间不生长或者掉膘，甚至死亡。为了减小应激，应该做好引进羊只的运输管理。

1）**合理安排运羊时间**　为了使引入羊不受生活环境上的突然变化的影响，在调运时间上应该考虑两地的季节差异。如果从温暖地方向寒冷地方引进羊只，应该选择在夏季为宜，反之应该在冬季。在启运时间上，夏季应该在晚上，冬季应该在白天。一般春、秋两季是运羊比较好的季节。

2）**途中草料及水的准备**　一般短距离运输（不超过6小时），途中可以不喂草料和饮水。长距离运输时一定要备好草料和水，草料和水的量依据运输的距离、天数而定。饲草要用木栏与羊隔开，以防羊只踩踏而污染。

3）**押运人员和药品的准备**　押运人员必须是责任心较强、对羊饲养管理较为熟悉且有较好体力的人，一般1～2个人就可以了。另外应适当备些常用药品，特别是外伤药品。

4）**车辆的准备**　洗好车辆，事先做好车的消毒工作，汽车要加高大厢板，车厢底应该铺上沙子，再铺上干草或玉米秸秆等，以便在运输中起吸湿防滑作用。运输中应该防止日晒雨淋。

5）**装车**　装车前，羊应该空腹或半饱。装车时应该让车位比较低，最好能让羊只自己上车，上车速度不应过快，防止挤伤、跌伤，装羊的密度应以羊只能活动开为宜，过空会导致羊只站立不稳，过密时若羊只被挤倒则很难站立，容易引起踩踏或致死。夏季还应该注意防暑。

6）**途中运输**　应做到快、勤、稳。尽量缩短运输时间，勤换岗，尽量做到不让车停下，人休息车不休息，尤其是夏季利用车辆的行驶通风，防止中暑，押运人员要眼勤、手勤。要及时观察羊只状况，有挤倒的应及时扶起，车厢太湿要及时换垫草。车速要做到平稳，路面不好时应放慢车速。

7）卸车　为防止羊下车时踩空摔伤，应让羊自由下车。羊刚下车时不宜喂草料和放牧。休息后的第一次喂料也不宜过饱。对病羊伤羊应该及时治疗。羊到达目的地后第一周要和其他羊群隔离，注意观察采食量和其他行为，并逐渐过渡到正常饲养管理程序。

8）引进注水羔羊的保育　羊引进过程中，有时会遇到不法羊贩对羊只灌水增加羔羊体重，从而获取暴利的现象。这种羊在引进后比较难以管理，一般体重都会有很大程度地下降，免疫力低下，严重者甚至死亡，给养殖户带来了非常大的损失。此时我们应该加强防骗意识，引进羊时一定要选择比较可靠的羔羊来源。另外，应该加强管理，尽量减少损失，在此，我们推荐用以下方式：

（1）采用羔羊专用全混合日粮（TMR）颗粒饲料进行调理　该饲料中含有丰富的蛋白质、矿物质、微量元素和维生素等，同时添加了地衣芽孢杆菌、枯草芽孢杆菌、酵母菌以及酵母细胞壁多糖，可以抗应激，迅速提高免疫力，大大提高羔羊的成活率。

（2）对于严重者灌服乳酸杆菌制剂，维生素C拌料　乳酸杆菌与羊只体内的免疫程序具有很好的关联性，维生素C则可以加强体内免疫细胞的杀毒作用，两者结合可以提高羊身体抵抗力，从而提高羊只的存活率。

（3）精心护理　注水羔羊刚刚引进来的时候是减少损失的重要时期，此时应该把新进羊与其他羊分开饲养，时刻观察羊只状态，出现问题及时诊治。

4. 肉羊舍饲育肥管理　舍饲养羊有利于降低生产消耗，提高养羊的经济效益；有利于秸秆过腹还田，从而为农业提供更多的有机肥，减少对自然生态资源的过度利用；有利于生态环境的改善。羊转入舍饲后生产成本有所提高，因此，必须切实掌握舍饲肉羊育肥的原则与方法，才能提高养羊的经济效益。

1）肉羊舍饲育肥应遵循的原则　为了实现最大的养殖效益，肉羊舍饲育肥应该遵循以下几个原则：

（1）合理供给饲粮　根据饲养标准，结合育肥羊自身的生长发育特点，确定肉羊颗粒饲料种类，并结合实际的增重效果，及时进行调整。TMR颗粒饲料是肉羊舍饲育肥的首选。

（2）突出经济效益　肉羊舍饲育肥，一定要以最佳经济效益为唯一尺度。根据试验，TMR颗粒饲料既可以保证肉羊的最大增重，又可以保证最佳的经济效益。

（3）合理组织生产，适时屠宰育肥羊　根据育肥羊开始时所处生长发育阶段，确定育肥期的长短。过短，育肥效果不明显；过长，则饲料报酬低，经济上不合算。因此，肉羊经过一定时间的育肥达到一定体重时，要及时屠宰或上市，而不要盲目追求羊只的最大体重。因地制宜地确定肉羊育肥规模，在当地条件下，按照市场经济规律，寻求最佳经济效益。

2）肉羊舍饲育肥的技术　随着羊肉需求的逐年增加，越来越多的养殖户把目光转移到肉羊育肥生产上来。肉羊舍饲育肥技术有以下几点：

（1）羊群规格化　选择品种、日龄、体重基本一致的羊群。在羊只引进时可能出现引进羊只体重水平有差别的情况，这时就应该做好分栏，保证每一栏的羊只体重的均一性。如果体重悬殊的羊只在同一个栏里饲喂，就会造成大羊先吃、多吃，而小的羊只采食不足的情况，导致小羊生长缓慢，不能创造出应有的价值。

（2）饲料标准化　实行规模化时每一个细节对于整体的影响都会有一定程度的增加，从而对于饲料质量的要求也就越高，传统饲料不能保证供应及营养含量的稳定性，导致效益难以控制。TMR颗粒饲料是饲养标准化的核心技术。该饲料不但能够保证营养的全面性，而且能够保证饲料质量的稳定性。

（3）卫生防疫制度化　对于规模化养殖场来说，防疫重于泰山。如果没有完善的防疫制度作为保障，那么一旦有疫病发生，就会造成严重的后果。

（4）管理科学化　科学的管理是每个羊场经济效益的保证，只有做好羊场的管理工作，做好羊场档案，认真记录羊场发生的各种状况，才能够总结提高，逐步提升为一个科学合理的规模化养殖场。

3）及时淘汰僵羊、病羊　在养羊生产中，会遇到这样一些羊，这些羊只吃料不长肉，被称为僵羊，占到羊群的6%～10%，严重影响了养羊企业的生产效益，应该尽早淘汰。

僵羊一般分为胎僵、乳僵、病僵、虫僵、料僵。各种僵羊的形成原因不同。

（1）胎僵　由于妊娠母羊饲料单纯，缺乏蛋白质、矿物质、维生素、微量元素等使母体体质差导致胎儿在母羊体内发育不良；或是公羊、母羊配种年龄过小，或近亲繁殖所至胎儿先天不足，体重小，生活力差，生长缓慢，形成胎内僵羊。

（2）乳僵　由于对哺乳母羊饲养管理不当，母羊营养不良或患慢性疾病，奶量不足或缺乳，奶品质不良；或产多羔、体弱、补料过晚，使哺乳羔羊生长发育受阻，形成乳僵。

（3）病僵　羔羊因患病，如感冒、痢疾等，久治不愈而形成僵羊。

（4）虫僵　由于体内寄生虫侵蚀，使羔羊营养消耗大，影响生长发育而形成僵羊。

（5）料僵　羔羊断奶时间不当，过早上山放牧和不及时补饲，饲料中的营养失衡，如蛋白质、维生素、矿物质等缺乏形成料僵。

发现僵羊后，应分析形成僵羊的原因，再采取对应的措施进行治疗，然而在实际生产中，很难知道其形成的原因，建议将僵羊直接淘汰。平时应该做好妊娠羊和哺乳羊的管理工作，尽量减少僵羊的产生，如加强营养，注意保健。及时驱虫防疫，做好疾病的预防及治疗工作。饲喂时注意营养的合理搭配，建议使用营养含量较为全面的羊 TMR 颗粒饲料进行饲喂。

4）肉羊日常管理技术

（1）捉羊　正确的方法是：右手捉住羊后腱部，然后左手握住另一腱部，因为腱部的皮肤松弛，不会使羊受伤，也省力。捉羊时捉毛扯皮，往往造成羊皮肉分离，造成不应有的损失。

（2）编号　为了掌握羊的个体情况，便于育种和管理，需要对羊进行编号。常用的编号方法是耳标法。耳标的形状多为圆形，先用特制的钢钉把需要的号数打在耳标上，第一个数字为羊出生年的最后一个数字，后边的数字是羊的个体号，可以附带出生月份，公羔编单号，母羔编双号，如 2014 年 2 月 1 日出生的母羔，可编号为 4202 号，"4" 代表 2014 年，第一个 "2" 代表 2 月出生，"02" 是母羔的个体号。然后，用碘酒消毒左耳基部无血管处，再用专用打耳钳打一个圆孔，将耳标安装固定好即可。

（3）去势　去势一般在羔羊出生 1～2 周进行，天气寒冷或羔羊虚弱时，去势时间可适当推迟。去势有结扎法和刀切法。

①结扎法。公羔出生后 3～7 天用橡皮筋结扎阴囊，阻断血液向睾丸流通，经过 15 天左右阴囊连同睾丸即脱落。这种方法不出血，亦可防止感染破伤风。

②刀切法。由一人固定公羔的四肢，腹部向外显露出阴囊，另一人用左手将睾丸挤紧握住，右手在阴囊下 1/3 处纵切一小口，将睾丸挤出，拉断血管和精索，依序取另一侧的睾丸，最后用碘酒消毒伤口。

（4）去角　有角羊不仅在打斗时易造成损伤，而且饲养管理不便，少数性情恶劣的公羊还会攻击饲养员，造成人身伤害。因此，采用人工方法去角十分重要。羔羊一般在出生后 7～10 天去角。人工哺乳的羔羊，最好在学会吃奶后去角。去角时，先将角基部周围的毛剪掉，面积要稍大些（直径约 3 厘米）。去角的方法主要有：

①烧烙法。将烙铁于炭火中烧至呈暗红后（亦可用功率为 300 瓦左右的电烙铁），对保定好的羔羊的角基部进行烧烙，烧烙的次数可多一些，但每次烧烙的时间不超过 10 秒，当表层皮肤破坏并伤及角质组织后即可，随后对术部进行消毒。

②化学去角法。用棒状苛性碱（氢氧化钠）在角基部摩擦，破坏其皮肤和角质组织。术前应在角基部周围涂抹一圈医用凡士林，防止碱液损伤其他部位的皮肤。操作时先重后轻，将表皮擦至有血液渗出即可。摩擦面积要稍大于角基部。去角后应将羔羊后肢适当捆绑（松紧程度以羊能站立和缓慢行走即可）。由母羊哺乳的羔羊，应与母羊隔离 6 小时以上；哺乳时，也应尽量避免羔羊将碱液蹭到母羊的乳房上而造成损伤。

（5）修蹄　肉羊由于长期舍饲往往蹄形不正，过长的蹄甲使羊行走困难，影响采食。长期不修蹄，还会引起蹄腐病、四肢变形等疾病，直接影响种公羊配种。

修蹄最好在夏、秋季进行，因为此时雨水多，牧场潮湿，羊蹄甲柔软利于削剪，也利于剪后羊的活动。操作时，先将羊固定好，清除蹄底污物，用修蹄刀把过长的蹄甲削掉。蹄周围的角质修得与蹄底基本平齐，并且把蹄修成椭圆形，但不要修剪过度，以免损伤蹄肉，造成流血或引起感染。

（6）断尾　一些长瘦尾型的羊，为使臀部羊毛免受粪便污染和便于人工授精，应在羔羊出生 1 周后在距尾根 4～5 厘米处将尾巴去掉，所留长度以遮住肛门和阴部为宜。通常羔羊断尾与编号同时进行，以减少抓羊次数，降低劳动强度。断尾常用方法：

①结扎法。用橡皮筋或专用橡皮圈紧套在尾巴的适当位置上（第三与第四尾椎间），阻断血液流通，使结扎后端尾巴因缺血而萎缩、干枯，经 7～10 天自行脱落。此方法优点是不受条件限制，不需专用工具，不出血，无感染，操作简单，速度快，安全可靠，效果好。

②热断法。用带有半月形的木板压住尾巴，将特制的断尾铲加热后用力将尾巴铲掉。此方法需要有火源和特制的断尾工具以及 2 人以上的配合，操作不太方便，且有时会形成烫伤，伤口愈合慢，故采用不多。

（7）剪毛　剪毛在春季清明前后和秋季白露前进行。注意事项如下：

①剪毛应在天气较温暖且温度稳定时进行，特别是春季更应如此。剪毛后要舍饲，以防寒流袭击而造成羊群伤亡。

②剪毛场所要干净，防止杂物混入羊毛内。

③剪毛前24小时停止供水、喂料，空腹剪毛比较安全。

④剪毛时紧贴皮肤，动作要轻快，不要剪重毛（回刀毛、重茬毛），一般留毛茬0.3～0.5厘米。

⑤剪破的皮肤伤口要用碘酒涂擦消毒。在破伤风疫区，每年都应注射疫苗。

⑥对妊娠母羊剪毛要小心，妊娠后期的母羊以不剪毛为好，避免造成流产。

（8）药浴　肉羊每年夏天应进行药浴，目的是防治虱、螨等体表寄生虫。常用药敌百虫、阿维菌素等，使用时要严格按照药物产品说明书进行配制。注意事项如下：

①药浴应选择在晴朗无大风天气进行，药浴前8小时停止放牧或喂料，药浴前2～3小时让羊饮足水，以免药浴时吞饮药液。

②工作人员应戴好口罩和橡皮手套，以防中毒。

③先浴健康羊，后浴有皮肤病的羊。

④妊娠两个月以上的母羊不进行药浴，可于产后一次性皮下注射阿维菌素或伊维菌素，杀螨驱虫效果显著，保护期达110天以上。患病或有外伤的羊，也应暂缓药浴。

⑤药浴后，让羊在回流台停留5分左右，待身上余药滴回药池后赶入凉棚或宽敞的羊舍内休息6～8小时，然后再喂饮或放牧；对个别出现中毒症状的羊只应及时救治。

（9）驱虫　羊感染寄生虫后，往往食欲不振、生长缓慢、消瘦、毛皮质量下降、抵抗力降低，重者甚至死亡，给养羊业带来严重的经济损失。为了防止寄生虫病的蔓延，每年春、秋两季要进行驱虫。常用的驱虫药物有四咪唑、丙硫苯咪唑。驱虫后1～3天，羊群要放在指定羊舍和牧地，防止寄生虫及其虫卵污染其他羊舍和干净牧地。

为防止寄生虫病的发生，平时应加强对羊群的饲养管理，注意草料卫生，饮用水清洁，避免在低洼或有死水的地方放牧，并改善牧地排水，用化学方法和生物学方法消灭中间宿主。多数寄生虫卵随羊粪便排出，故对粪便要进行无害化处理。

5. 肉羊不同阶段饲养管理

1）哺乳期羔羊快速育肥技术　哺乳期羔羊快速育肥是指在羔羊断奶前，利用其生长发育快、胴体组成部分增加大于非胴体部分（如头、蹄、毛、内脏等）、脂肪沉积少、瘤胃利用精饲料能力等特点，而进行的育肥，可分为提前断奶（1.5月龄）

和不提前断奶两种方式。此种育肥方法的优势是：能获得最人的饲料报酬，如哺乳期羔羊育肥料重比为（2.5～3）:1，断奶羔羊为（6～8）:1；补充淡季羊肉生产供应，缓解市场供需矛盾。但羔羊早期育肥的缺点是胴体偏小，规模上受羔羊来源限制。新疆畜牧兽医研究所1986年成功地试验了1.5月龄断奶全精饲料育肥，对1.5月龄断奶体重在10.5千克的羔羊育肥50天，平均日增重为280克，料重比为3:1，育肥羔羊出栏重达到25～30千克，对5～7月羊肉供应淡季起到填补作用。

（1）羔羊生产技术　羔羊育肥要解决的首要问题，首先，是提高母羊的受胎率、生产率和羔羊成活率；其次，加强育肥前羔羊的饲养管理，以便为快速育肥奠定良好的基础。羔羊生产技术的关键环节如下：

①诱产多胎，是指人为地改善母羊的生殖生理环境，促使母羊每窝产双羔或双羔以上的技术。

A.补饲催情法：在配种前15～30天开始改变母羊日粮组成，重点提高能量饲料（如玉米等）比例，能有效地提高母羊发情整齐度，增加排卵数，诱使母羊产多羔。同时，也可提高母羊受胎率和缩短配种时间。

B.激素免疫法：即以人工合成的外源性类固醇激素作为抗原，刺激母羊体内产生生殖激素和促黄体生成素的分泌，加速卵泡发育与成熟，从而提高母羊的排卵率。此法操作简单，成本低，对产羔率低的绵羊品种效果较好。目前使用的免疫制剂主要有进口的双羔素和国产的双羔苗。双羔苗有水剂苗和油剂苗2种，以水剂苗效果为好，其使用方法是在母羊配种前5周和2周，分别颈部皮下注射1次，每次每只1毫升。据试验，用双羔苗水剂免疫处理后的中国美利奴杂种母羊，产羔率和双羔率分别比对照组提高31.10%和29.44%，效果优于双羔素（澳大利亚产）。

②适时配种。目的是通过准确地判断发情过程，及时配种，提高母羊受胎率。

A.绵羊：自然发情母羊配种1次是在发现发情后12～18小时进行；若配种2次，则在发现发情后不久即配种，间隔8～12小时再配第二次。同时应细致观察绵羊发情表现，因其发情不明显，故常采用试情的方法确定。

B.山羊：山羊发情明显，一般根据母羊阴门肿胀、鸣叫和摇尾即可准确判断发情。因为母山羊排卵时间比绵羊晚，故应在发现发情后24小时配种1次，间隔8小时后再配第二次。

③集中产羔。为了便于羔羊批量育肥，常集中产羔。其基础是母羊同期发情和同期配种。目前，母羊同期发情的处理方法主要是激素法。

A.阴道海绵栓法：将浸有孕激素的海绵栓置于母羊子宫颈外口处，处理10～14天，撤栓后注射孕马血清促性腺激素400～500国际单位，经30小时左右即开始发情。可在发情当天和翌日各配种或输精1次。常用孕激素的种类及剂量为：甲孕酮50～70毫克，黄体酮150～300毫克，氟孕酮20～40毫克。

B.激素口服法：每天将一定量孕激素类药物均匀拌在饲料内，连喂12～14天，于最后一次口服的当天注射孕马血清促性腺激素400～750国际单位。常用孕激素种类有甲孕酮、黄体酮和氟孕酮。

④母羊补饲。在母羊妊娠后期和哺乳期前期补饲能量饲料，并保证其优质干草供给量，能使母羊泌乳增多。实践证明，母羊补饲应重点对产双羔以上母羊进行。

⑤接羔护理。在母羊预产期临近时，减少或停止补饲，并注意观察母羊表现，尤其是夜间应保持警觉，以便及时接羔。羔羊出生后要尽早让其吃上初乳，并观察其精神状态，发现异常时可考虑采取辅助哺乳、清理胎粪、治疗疾病等措施。

⑥人工哺乳。又称人工育羔，是为了适应羔羊早期断奶（生后35～56天）和超早期断奶（生后1～3天）而产生的一项技术。目前已在生产中得到广泛应用。例如，母羊死亡、消瘦、"瞎奶"或多羔等情况下母乳不足，都可采用人工哺乳技术。

A.强化营养牛奶的制作：牛奶可以作为羔羊的代乳品。但要达到消化率高、营养价值接近羊奶、消化紊乱少、配制容易等优质代乳品的要求，鲜牛奶应做适当处理。据道良佐（1997）介绍，强化营养牛奶的制作方法是：取鲜牛奶1升，加入维生素A、维生素D滴剂2.5毫升，维生素E 2滴，青霉素0.05克，硫酸亚铁1克，硫酸镁1克，硫酸锌1克，氯化钴0.25克和脂肪（牛油）20克；在50℃混合，或将奶桶置于微火上搅拌混匀即可。如配制好强化营养牛奶一时不用，应迅速冷却到1～5℃；也可以按4升牛奶滴加1毫升福尔马林，防止奶酸败和便于洗涤。一般情况下，配制好的强化营养牛奶可存放半天，但最好是现用现配。

B.人工哺乳技术要求：一是羔羊必须在吃过初乳后喂代乳品。若母羊已死亡，可挤下其他母羊或母牛初乳哺喂，喂量300克，在12～18小时分3次喂给。应注意，其他牛、羊初乳应事前冷藏妥当，临用前在室温下回温，切忌加热，破坏抗体。二是喂奶时，用清洁啤酒瓶套上婴儿奶嘴，人手持或固定在板壁上，让羔羊自行吮奶。三是奶温以37℃为宜，人工哺乳羔羊房舍室温以20℃为宜，新生羔羊可提高到28℃。四是人工哺乳羔羊7～14天开始补料和饮水，到30～35天羔羊已具有消化固体饲料的能力。此时补料的配方为：玉米5～6份,油渣3～4份和麸皮1份,每 10 千克料加土霉素 0.5 克和骨粉少量；干草另加，或吊挂干草束，或按给料量的 20% 拌进优质苜蓿草粉。五是当羔羊习惯采食固体饲料和青草时，可以停喂代乳品或减少哺乳奶量。此时，因摄入营养减少，羔羊多半会出现 7 ～ 10 天生长停滞期，为此应设法不变更原圈、原槽、原补饲方式和类型，以减少应激。

（2）羔羊隔栏补饲技术　自繁羔隔栏补饲是指在母羊活动集中的地方设置羔羊补饲栏，是羔羊早龄开食补料的一项技术，也是集约化肉羊生产（密集繁殖、早期断奶、多胎多产和秋冬产羔等）的重要组成部分。其目的在于，加快羔羊生长速度；缩小单、双羔及出生稍晚羔羊的差异；为以后提高育肥效果（尤其是缩短育肥期）打好基础；同时也减少了羔羊对母羊索奶的频率，使母羊泌乳高峰期保持更长时间。

①需要隔栏补饲的羔羊。包括计划 2 月龄内提前断奶羔羊，计划两年三产母羊群的羔羊，秋冬季节出生的羔羊，纯种母羊的羔羊，多胎母羊的羔羊，产羔期后出生的羔羊等。

②开始隔栏补饲的时间。规模较大的羊群一般在羔羊 17 ～ 21 天开始补料。若产羔期持续时间较长，羔羊出生不集中，可以按羔羊大小分批进行。规模较小的户养羊群，可在发现羔羊有舐饲料动作时开始，最早的可提前到 10 日龄。

③隔栏补饲羔羊的配料。羔羊补饲的粗饲料以苜蓿干草和优质青草为好，用草架或吊把让羔羊自由采食；精饲料主要是玉米、豆饼、麸皮等，1 月龄前的羔羊补喂的玉米以大碎粒为宜，此后则以整粒玉米为好。要注意根据季节调整粗饲料和精饲料喂量。例如，早春羔羊补饲时间应在青草萌发前，干草以苜蓿为主，同是混合以玉米为主的精饲料；晚春羔羊补饲时间在青草旺盛期，可不喂干草，但混合精饲料中除玉米以外，要加适量豆饼，使日粮蛋白质水平在 15% 以上。现介绍 3 个饲料配方供生产中选用。

A. 配方一：玉米 60%，燕麦 20%，麸皮 10%，豆饼 10%。每 10 千克混合料中加土霉素 0.4 克，骨粉少量。以上原料整粒拌匀喂羊。此方适于不具备饲料加工条件的地区。

B. 配方二：玉米 20%，燕麦 20%，豆饼 10%，骨粉 10%，麸皮 10%，糖蜜 30%。每 10 千克精饲料加土霉素 0.4 克。将以上原料混合制成颗粒料，直径为 0.4 ～ 0.6 厘米。

C. 配方三：主型日粮中，玉米 85.0%，豆饼 13.0%，氯化铵 0.5%，碳酸钙 1.5%，每千克另加维生素 A 1 100 单位，维生素 E 20 单位；副型日粮中，豆饼 86.7%，氯化铵 3.3%，碳酸钙 10.0%，每千克另加维生素 A 11 000 单位，维生素 E 200 单位。本配方主型可以单喂；副型则宜制成颗粒，与整料谷物混合喂，即 85% 玉米加上 15% 副型。

④隔栏补饲的饲养管理。隔栏面积按每只羔羊 0.15 米^2 计算，进出口宽约 20 厘米，高度为 38 ~ 46 厘米，以不挤压羔羊为宜。经常对隔栏进行清洁与消毒。

饲喂技术要点：开始补饲时，白天在饲槽内放些玉米和豆饼，量少而精。每天不管羔羊是否吃完，全部换成新料。待羔羊学会吃料后，每天再按日进食量投料。日进食量一般最初为每只 40 ~ 50 克，30 日龄达到每只 70 克，后期达到每只 300 ~ 350 克，全期消耗混合料 8 ~ 10 千克。投料时，每天早上或晚上放料 1 次，以 30 分内吃完为佳。饲喂中，若发现羔羊对饲料不适应，可以更换饲料种类。

（3）1.5 月龄断奶羔羊全精饲料育肥技术

①育肥前的准备。1.5 月龄羔羊断奶前 15 天实行隔栏补饲；或在早、晚有一定的时间将母羊与羔羊分开，让羔羊在设有精饲料槽和饮水器的圈内活动，其余时间仍母子同处。补饲的饲料应与断奶后育肥饲料相同。谷料在刚开始补饲时可以稍加破碎，待习惯后则以整粒料喂为宜，不要加工成粉状。羔羊活动范围的地面应干燥，防雨，通风良好，可铺少许垫草。羔羊育肥常见传染病有肠毒血症和出血性败血症，肠毒血症疫苗可在产羔前给母羊注射，或在断奶前给羔羊注射。

②配制育肥用日粮。任何一种谷物类饲料都可用在育肥羔羊上，效果最好的是玉米等高能量饲料。实践证明，整粒料比破碎谷物饲料育肥效果好，配合饲料比单独饲喂某一种谷物饲料育肥效果好，主要表现在饲料转化率高和肠胃病少。

③饲喂技术。羔羊自由采食、自由饮水。饲槽应防止羔羊四蹄踩入槽内，从而造成饲料污染而降低饲料摄入量，扩大球虫病与其他病菌的传播。饲槽高度应随羔羊日龄增长而提高，以槽内饲料不堆积或不溢出为宜。如发现某些羔羊啃食圈墙时，应在运动场内添设盐槽，槽内放入食盐或食盐加等量的石灰石粉，让羔羊自由采食。羔羊采食整粒玉米的初期，会有玉米粒从口中吐出，随着日龄的增长，玉米粒吐出现象逐渐消失；羔羊反刍动作也是初期少、后期多。这些都属于正常现象，不影响育肥效果。在正常情况下，羔羊粪便呈团状，黄色，粪团内无玉米料；但在天气变化或阴雨天，羔羊可能出现腹泻。育肥全期不变更饲料配方。

④适时出栏。羔羊育肥期为 50 天。育肥终重与品种有关，大型品种羔羊 3 月龄育肥终重可达到 35 千克以上。据研究，细毛羔羊和非肉用品种的育肥终重与 1.5 月

龄断奶重有关，一般断奶重在 13 ~ 15 千克时，育肥 50 天体重可达到 30 千克以上，而断奶重在 12 千克以下时，育肥 50 天体重可达 25 千克左右。

（4）哺乳羔羊育肥技术　此技术的实质是羔羊不提前断奶，保留原有的母子对，只是提高隔栏补饲水平，到时从大群中挑出达到屠宰体重的羔羊出栏上市，剩余羊只仍可转入一般羊群继续饲养。其目的是利用母羊的全年繁殖，安排秋季和初冬产羔，供应节日特需的羔羊肉。其优势是不断奶育肥可减少断奶造成的应激，保持羔羊的稳定生长。

①选羊。从 3 月龄羔羊群中分批挑出活重 25 ~ 27 千克的羔羊出栏上市，活重达不到此标准的羔羊则留群继续饲养育肥。实践证明，体格较大、早熟性好的公羔能最先达到出栏标准。

②饲喂。以舍饲育肥为主，母子同时加强补饲。母羊哺乳期间每天喂足量的优质豆科牧草，另加 500 克精饲料，目的是使母羊泌乳量增加。羔羊应及早隔栏补饲，且越早越好；日粮以谷物粒料为主，搭配适量黄豆饼，配方同 1.5 月龄断奶羔羊；每天喂 2 次，每次喂量以 20 分内吃完为宜；羔羊自由采食上等苜蓿干草。若干草质量较差，日粮中每只应添加 50 ~ 100 克蛋白质饲料。矿物质和维生素添加剂、食盐、饮水要求与 1.5 月龄断奶羔羊育肥一样。

③出栏。经过 30 天育肥，到 4 月龄时止，挑出羔羊群中达到 27 千克以上的羔羊出栏上市。剩余羊只断奶后再转入舍饲育肥群，进行短期强度育肥；不作育肥用的羔羊，可优先转入繁殖群饲养。

（三）育成羊的饲料管理要点

育成羊是指羔羊从断奶后到第一次配种的公羊、母羊，在 3 ~ 18 月龄，其特性是生长发育较快，营养物质需求量大，如果此期营养不良，就会显著地影响到羊生长发育，从而构成个头小、体重轻、四肢高、胸窄、躯干浅的体型。同时还会使体质变弱、被毛稠密且质量不良、性成熟和体成熟延迟、不能按时配种，而且会影响终身的消费性能，以至失去种用价值。育成羊是羊群的将来，其培育质量如何是羊群相貌能否尽快转变的关键。

我国很多农户对育成羊的饲养注重不够，以为其不配种、不怀羔、不泌乳、没担负。因而，在冬春时节不加补饲，所以多呈现水平不同的发育受阻。冬羔比春羔在育成时期之所以表现良好，就是由于冬羔出生早，当年"靠青草生长"的时间长，体内贮藏有较多的营养。

1. 育成羊的选种 选择适宜的育成羊留作种用是羊群品质提高的重要保障，生产中经常在育成期对羊只进行选择，把种类特性优秀的、高产的、种用价值高的公羊和母羊选出来留作繁衍用，不契合要求的或运用不完的公羊则转为商品消费运用。生产中常用的选种办法是依据羊自身的体形外貌进行选择，辅以系谱检查和后代测定。

2. 育成羊的培育 断奶以后，羔羊按性别、大小、强弱分群，增强补饲，按饲养规范采取不同的饲养计划，按月抽测体重，依据增重状况调整饲养计划。羔羊在断奶组群放牧后，仍需继续补喂精饲料，补饲量要依据牧草状况决定。

刚断奶后的整群育成羊，正处在早期发育阶段，这一时期是育成羊生长发育最旺盛时期，这时正值夏季青草期。在青草期应充分利用青绿饲料，由于其营养丰厚全面，十分有利于促进羊体消化器官的发育，能够培育出个体大、身腰长、肌肉匀称、胸围圆大、肋骨之间间隔较宽，而且具备各类型羊体型外貌的特征。因而夏季青草期应以放牧为主，并分离少量补饲。放牧时要留意锻炼头羊，控制好羊群，不要养成好游走、挑好草的不良习气。在春季由舍饲向青草期过渡时，正值北方牧草返青时期，应控制育成羊跑青。放牧要采取先阴后阳，先吃枯草树叶后吃青草，控制游走，增加采草时间。

在枯草期，特别是第一个越冬期，饲草枯槁，加之冬季时间长、气候冷、风大，育成羊还处于生长发育时期，耗费能量较多，需要摄取大量的营养物质才能抵御寒冷的侵袭，保证生长发育，所以必须增强补饲。在枯草期，除坚持放牧外，还要保证有足够的青干草和青贮料。精饲料的补饲量应视草场情况及补饲粗饲料状况而定，每天喂混合精饲料 0.2～0.5 千克。由于公羊普遍生长发育快，需求营养多，所以公羊要比母羊多喂些精饲料，同时还应留意对育成羊补饲矿物质，如钙、磷。

关于舍饲饲养的育成羊，若有质量优秀的豆科干草，其日粮中精饲料的粗蛋白质应为 12%～13%。若干草质量普通，可将粗蛋白质的含量提高到 16%。混合精饲料中能量应不低于整个日粮能量的 70%～75%。

3. 舍饲育成羊精饲料搭配

1）舍饲育成羊精饲料搭配原则

（1）合理的日粮搭配 精饲料量要适量，日粮中粗蛋白质含量要达到

15%～16%。粗饲料搭配要多样化，每天精饲料喂量达 0.4 千克，此外，还要注意钙、磷、食盐、微量元素的补充。

（2）合理的饲养方式　优良的干草，充足的运动是培育育成羊的关键，饲喂大量优质干草、充足的阳光照射和充足的运动，有利于促进消化器官的充分发育，可使羊体格高大，食欲旺盛，采食量增加。

２）舍饲育成羊精饲料配方

（1）育成前期（4～8 月龄）

①精饲料配方 A：玉米 68%，花生饼 12%，豆饼 7%，麦麸 10%，磷酸氢钙 1%，添加剂 1%，食盐 1%。

②精饲料配方 B：玉米 50%，花生饼 20%，豆饼 15%，麦麸 12%，石粉 1%，添加剂 1%，食盐 1%。

（2）育成后期（8～18 月龄）

①精饲料配方 A：玉米 45%，花生饼 25%，葵花饼 12%，麦麸 15%，磷酸氢钙 1%，添加剂 1%，食盐 1%。

②精饲料配方 B：玉米 80%，花生饼 8%，麦麸 10%，添加剂 1%，食盐 1%。

（四）空怀母羊的饲养管理要点

空怀期母羊不妊娠、不泌乳、无负担，因此往往被忽视。其实此时母羊的营养状况直接影响着发情、排卵及受孕情况。营养好、体况佳，母羊发情整齐，排卵数多。因而加强空怀期母羊的饲养管理，尤其是配种前的饲养管理对提高母羊的繁殖能力十分关键。对个别体况较差者，要给予短期优饲，使羊群膘情一致，发情集中，便于配种、产羔。

（五）妊娠母羊的饲养管理

母羊担负着配种、妊娠、哺乳等各项责任，应维持良好的营养程度，以期实现多胎、多产、多活、多壮的目标。所以对妊娠母羊的饲养管理尤为重要。

羊的妊娠期约 5 个月，前 3 个月为妊娠前期，胎儿发育慢，一般的饲养即可满足其营养需要；后 2 个月为妊娠后期，胎儿生长发育迅速，这一阶段营养水平要高，必须给母羊提供充足、全价的饲料。

1. 妊娠前期的饲养管理 妊娠前期是母羊妊娠后的前3个月。此期间胎儿发育较慢，饲养的主要责任是守护母羊处于配种时的体况，满足营养需要。妊娠前期母羊对粗饲料消化能力较强，应用优质秸秆取代干草来饲喂，还应补饲优质干草或青贮饲料等。日粮可由50%青绿草或青干草、40%青贮或微贮、10%精饲料组成。精饲料配方：玉米84%、豆粕15%、多种添加剂1%，混杂拌匀。每天喂给1次，每只150克/次。

2. 妊娠后期的饲养管理 在妊娠后期（2个月内）胎儿生长快，90%左右的初生重在此期完成。如果此期间母羊营养供给不足，就会带来一系列不良结果。首先要有足够的青干草，必须补给充分的营养添加剂，另外补给适量的食盐、钙、磷等矿物饲料。在妊娠前期的基础上，能量和可消化蛋白质分别提高20%～30%和40%～60%。日粮的精饲料比例提高到20%，产前6周为25%～30%，而在产前1周要适当减少精饲料用量，以免胎儿体重过大而造成难产。此期的精饲料配方：玉米74%，豆粕25%，多种添加剂1%，混杂拌匀。早、晚各1次，每只150克/次。

3. 妊娠期的管理 此期的管理应围绕保胎来进行，要细心周密，喂饲料或饮水时避免拥挤和滑倒，不打、不惊吓。增长母羊户外活动时间，干草或鲜草用草架投给。产前1个月，应把母羊从羊群中分隔开，单放一圈，以便更好地照应。产前1周左右，夜间应将母羊放于待产圈中饲养和护理。

每天饲喂3～4次，先喂粗饲料，后喂精饲料；先喂适口性差的饲料，后喂适口性好的饲料。饲槽内吃剩的饲料，特别是青贮饲料，下次饲喂时一定要清理干净，免得发酵生菌，引起羊的肠道病而造成流产。严禁喂发霉、糜烂、变质饲料，不喂冰冻水。饮水次数不少于2～3次/日，最好是经常维持槽内有水让其自由饮用。总之，良好的管理是保羔的最好办法。

（六）哺乳母羊的饲养管理

1. 哺乳期饲养管理 哺乳期可分为哺乳前期和哺乳后期2个阶段。

1）哺乳前期 即羔羊生后2个月。哺乳前期羔羊的生长发育主要依靠母乳，如果母乳充足，羔羊生长发育就快，抵抗疾病的能力也强，成活率高。此时，一定要供给母羊丰富而又完善的营养，特别是对蛋白质和无机盐的需求量较高。产单羔母羊日补精饲料 0.4 千克，青干草 1 千克，多汁料 1.5 千克。产双羔母羊日补精饲料 0.6 千克，青干草 1.2 千克，多汁料 1.5 千克。在羔羊断奶前 1 周，母羊要减少多汁料、青贮料和精饲料的喂量，防止断奶时发生乳腺炎。

2）哺乳后期　即羔羊 2 月龄后。此期母羊泌乳力下降，应减少精饲料的喂量。

2. 母仔组群管理　母羊产羔后即开始哺育羔羊。哺乳期母子羊的组群管理可采用以下 2 种方式：

1）**母子混群管理**　母羊分娩后 1 个月内，羔羊与母羊在舍内混群饲养。饲养一个阶段后，天气逐渐暖和时，羔羊再跟随母羊合群到野外放牧。

2）**母子分群管理**　分娩后母羊留圈带子饲养 3 ~ 5 天，母子分群，母羊定时给羔羊哺乳，羔羊留在圈舍内培育。即白天母羊出牧，早、中、晚定时给羔羊哺乳 3 次，羔羊留在羊舍内，训练开食，补饲草料。羔羊在舍内饲养 1 个多月，全部能采食饲草饲料后，再单独组群到野外放牧。

生产实践证明，第二种管理方式较好。

（七）育肥羊的饲养管理

育肥羊分为育肥羔羊和育肥成年羊，本书讲的育肥方法为舍饲育肥。

1. 育肥羔羊的技术要点

1）**分圈饲养**　根据羔羊的体况，营养状况和性别（即体重大小、强弱和公母）分圈饲养，防止采食不均和早配早孕。

2）**减少应激**　要固定饲养人员，防止贼风等应激因素。

3）**防止饲料中毒**　发霉变质的饲草和饲料不要喂羊，自配精饲料要注意胡麻饼的添加量。

4）**供给全价的日粮**　舍饲养殖所需营养全靠饲草、饲料提供，饲料原料种类少，易发生营养缺乏症，一般多缺乏矿物质、微量元素等。

5）**精饲料比例要合适**　实行强度育肥，往往要加大精饲料喂量，但精饲料喂量过多，极易造成羔羊酸中毒，舍饲时羔羊的精粗饲料比一般为 3：2。

6）**注意防寒**　羔羊的体温调节能力差，因而要注意保暖，羔羊育肥舍要建成被动式太阳能圈舍。

7）**清洁饮水**　夏秋季饮井水，每日饮水 3 次；冬春季饮温水，每日饮水 2 次。

2. 育肥成年羊的技术要点　成年羊已停止发育，增重的往往是脂肪的沉积，因此要加大能量的供应。

1）**羊圈消毒**　成年羊在育肥前，要用生石灰等消毒剂对羊圈进行彻底消毒。

2）**育肥管理要求**　育肥过程中做好体重的测量、日粮消耗的各项记录，以便结束时计算成本。饲喂时尽量喂饱，并限制活动，达到迅速增重。

3）**育肥羊选购**　育肥前，还要注意成羊的选购。要购买体格高大，腰身长，眼大有神、无病的羊，过老或太瘦的羊不要购买，否则浪费饲料，达不到预期的效果。成年羊不宜育肥时间太长，一般以 2 个月为宜。按体重大小、强弱分群，驱虫。

4）**饲料选择**　舍饲育肥，应多喂青干草、青贮料，同时适当加喂精饲料，最好选择正规厂家生产的饲料。

5）**驱虫**　舍饲育肥前要驱虫，驱虫用虫克星或丙硫苯咪唑。

六、产品加工标准化

（一）产品的加工

1. 肉制品加工

1）**羊肉的冷藏**　羊热鲜肉的温度在 38℃ 左右，须尽快降温，及时冷藏。鲜肉的合理冷藏条件是：冷库温度不应高于 −15℃，以保证 −18℃ 的稳定温度为好。冷库内温度升降幅度一般不宜超过 ±1℃，在大批量进出货时，昼夜升温不宜超过 4℃。冷库内空气相对湿度为 80% ~ 90%。空气流速采取自然对流。长期冷藏的羊肉应堆成方形堆，下面用不通风的木板衬垫，使肉距地面 30 厘米以上，堆高为 2.5 ~ 3.0 米。肉堆与墙壁、天花板之间保持 30 ~ 40 厘米的距离。距冷却排气管 40 ~ 50 厘米，肉堆间距离应保持在 15 厘米左右。为了减少干耗，肉堆四周可用防水布遮盖，定期用预冷至 1 ~ 3℃ 的清洁饮用水喷洒于防水布上，连续进行 2 ~ 3 次，使冰层厚度达到 1 ~ 1.5 毫米。

2）**腌腊制品**　腌腊制品是指以新鲜羊肉为原料，配以各种辅料，经过腌渍、晾晒过程而得的产品。它具有色泽金黄光润、香味浓郁、肥而不腻、耐久藏等特点，这种羊肉属低温制品，很有发展前途。

3）**酱卤制品**　酱卤制品是指以新鲜羊肉为原料，在加入配料的汤中煮制而成的肉制品，其产品具有酥软多汁的特点。

4）**干制品**　干制品是指以新鲜的纯精羊瘦肉为原料，经高温煮透，脱水加工而成的产品，主要产品类型有肉松、肉干和肉脯。产品具有独特风味，食用方便，易携带，且保质期长的特点。

2.肉制品加工中的危害分析及关键点控制

1）生产羊肉污染来源 生产羊肉污染来源主要有下几个方面：饲养环境，包括养殖场空气、饮水、土壤等；羊只本身的健康因素；饲草料及饲料添加剂因素；兽药使用及停药期；饲养过程；排泄物及病羊污染；活羊运输过程中污染；羊只屠宰加工过程中污染；羊肉贮存、运输、销售过程中的污染。

2）羊场环境 为了保证生产无公害羊肉及其制品肉羊原料来源符合无公害食品的有关要求，羊场环境有以下要求。

（1）羊场建造要求 羊场环境要符合《无公害食品 产地环境评价准则》的规定。场址用地应符合当地土地利用规划的要求，根据《无公害食品 产地环境评价准则》和《畜禽场环境质量标准》设计建造肉羊舍饲养殖场。羊场应建在地势干燥、排风良好、通风、易于防疫的地方。

（2）羊舍建造要求 按羊只年龄、性别、生长阶段设计羊舍，实行分段饲养，集中育肥的饲养工艺。按饲养规范饲喂，不堆槽，不空槽，不喂发霉变质和冰冻的饲料。应拣出饲料中的异物，保持饲槽清洁卫生。羊舍设计能保温隔热，地面和墙壁应便于消毒。

3）羊只引进和购入要求 依照《种畜禽调运检疫技术规范》和《畜禽产地检疫规范》调运种羊并开展产地检疫；应做临床检查和实验室检疫（口蹄疫、布氏杆菌病、蓝舌病、山羊关节炎、脑炎、绵羊梅迪维斯纳病、羊痘、螨病）；购入羊要在隔离场（区）观察不少于15天，经兽医检查确定为健康后，方可转入生产群。

4）肉羊饲养要求

（1）饲料和饲料添加剂

①饲料和饲料添加剂应符合国家有关法规的要求。饲料主要为为苜蓿、作物秸秆、青贮玉米、胡萝卜、玉米、油饼、麸皮；饲料添加剂主要为食盐、磷酸氢钙。饲料生产过程严格按照无公害食品有关规定执行。

②不应在羊体内埋植或者在饲料中添加镇静剂、激素类等违禁药物。

③商品羊使用含有抗生素的添加剂时，应按照《饲料和饲料添加剂管理条例》执行休药期。

（2）饮水

①水质符合《无公害食品 产地环境评价准则》畜禽养殖用水要求。饮用水水质标准：感官性状及一般化学指标要求色度不超过30°，浑浊度不超过20°，不得有

异味,不得含有肉眼可见物。以碳酸钙计总硬度每升不超过 1 500 毫克,pH 在 5.5 ~ 9。溶解性总固体每升不得超过 4 000 毫克,以氯离子计氯化物每升不得超过 1 000 毫克。以硫酸根离子计硫酸盐每升不得超过 500 毫克。

②细菌学指标主要是大肠杆菌,成年羊 100 毫升不得超过 10 个,后备羊不得超过 1 个。

③毒理学指标:以氟离子计氟化物每升不得超过 2 毫克,氰化物每升不得超过 0.2 毫克,总砷每升不得超过 0.2 毫克,总汞每升不得超过 0.01 毫克,铅每升不得超过 0.1 毫克,六价铬每升不得超过 0.1 毫克,镉每升不得超过 0.05 毫克,以氮计硝酸盐每升不得超过 30 毫克。

④每只羊日饮水 9 ~ 14 升。羊饮水有早晨和下午两个高峰期,集中供水时可将需要量分为 2 等份分别在早晨和下午各半小时供给。

⑤在饮水前将水槽清洗干净,每周消毒饮水设备。

⑥在饮用水中农药限量为每升水中:马拉硫磷不得超过 0.25 毫克,百菌清不得超过 0.01 毫克,甲萘威不得超过 0.05 毫克。

5)有毒有害气体含量规定　氨气不超过 20 毫克/米^3,硫化氢不超过 8 毫克/米^3,二氧化碳(CO_2)不超过 1 500 毫克/米^3,可吸入颗粒物(PM10,即空气动力学当量直径≤10 微米的物质)不超过 2 毫克/米^3,总悬浮颗粒物(TSP,即空气动力学当量直径≤100 微米的物质)不超过 4 毫克/米^3,恶臭稀释倍数不超过 70。

6)疫苗使用　羊群的防疫符合防疫规程的规定,防疫器械在防疫前应彻底消毒。

7 兽药使用　治疗使用药剂时,应符合《无公害农产品　兽药使用准则》的规定。肉羊育肥后期使用药物治疗时,应根据使用药物执行休药期,达不到休药期的,羊肉不应上市;发生疾病的种羊在使用药物治疗时,在治疗期或达不到休药期的不应作为食用羊出售。

8)卫生消毒

(1)消毒剂　选用的消毒剂符合《无公害农产品　兽药使用准则》的规定。标准规定,要定期对饲喂用具、料槽和饲料车等进行消毒,可用 0.1% 新洁尔灭或 0.2% ~ 0.5% 过氧乙酸消毒。

(2)消毒方法

①喷雾消毒。用规定浓度的次氯酸盐、有机碘混合物、过氧乙酸、新洁尔灭等

对羊舍消毒、羊场道路和进入场区的车辆消毒。

②浸液消毒。用规定浓度的新洁尔灭、有机碘混合物等，洗手、洗工作服。

③紫外线消毒。人员入口处设紫外线灯照射，每次照射至少5分。

④喷洒消毒。在羊舍周围、入口、产房和羊床下面撒生石灰或氢氧化钠液进行消毒。

⑤火焰消毒。用喷灯对羊只经常出入的地方消毒。产房、培育舍，每年进行1～2次火焰瞬间喷射消毒。

⑥熏蒸消毒。用甲醛等对饲喂用具和器械在密闭的室内或容器内进行熏蒸消毒。

（3）消毒制度

①环境消毒。羊舍周围环境定期用2%氢氧化钠或撒生石灰消毒。羊场周围及场内污染地、排粪坑、下水道出口，每月用漂白粉消毒1次。在羊场、羊舍入口设消毒池并定期更换消毒液。

②人员消毒。工作人员进入生产区净道和羊舍，要更换工作服、工作鞋，并经紫外线照射5分进行消毒。外来人员必须进入生产区时，应更换场内工作服、工作鞋，并经紫外线照射5分进行消毒，并遵守场内防疫制度。

③羊舍消毒。每批羊只出栏后，要彻底清扫羊舍，采用喷雾、火焰、熏蒸消毒。

④用具消毒。定期对分娩栏、补料槽、饲料车、料桶等饲养用具进行消毒。

⑤带羊消毒。定期进行带羊消毒，减少环境中的病原微生物。

9）管理

（1）日常管理

①羊场工作人员每年进行健康检查，患有下列病症之一者不得从事饲草、饲料的收购和加工工作：痢疾、伤寒、弯杆菌病、病毒性肝炎等消化道传染病（包括病原携带者）；活动性肺结核、布氏杆菌病；化脓性或渗出性皮肤病；其他有碍食品卫生、人畜共患的疾病。

②场内兽医人员不能对外诊疗羊及其他动物的疾病，羊场配种人员不能对外开展羊的配种工作。

③防止周围其他动物进入场区。

（2）羊只管理

①选择高效、安全的抗寄生虫药，每年春、秋两季对羊只进行驱虫、药浴，控制程序符合《无公害农产品 兽药使用准则》的要求。

②对成年公羊、母羊每季节进行浴蹄和修蹄。

③场内兽医每日早晚观察羊群健康状态，饲养人员经常观察羊群，发现异常及时处理。

（3）饲喂管理

①不喂发霉和变质的饲料、饲草。

②育肥羊按照饲养工艺转群时，按性别、体重大小分群进行饲养。群体大小、饲养密度要适宜。

③每天打扫羊舍卫生，保持料槽、水槽用具干净，地面清洁。使用垫草时，要每日更换，保持卫生清洁。

（4）灭鼠、灭蚊蝇

①定期定点投放灭鼠药，及时收集死鼠和残余鼠药，并做深埋处理。

②消除水坑等蚊蝇滋生地，夏季定期喷洒消毒药物。

10）运输　商品羊运输前要经动物防疫监督机构根据《畜禽产地检疫规范》及国家有关规定进行检疫，并出具检疫证明；运输车辆在运输前、后要用消毒液彻底消毒；运输途中，不许在城镇和集市停留、饮水和饲喂。

（二）产品的贮存

1. 低温贮藏保鲜法　即肉的冷藏，在冷库或冰箱中进行，是肉和肉制品贮藏中较为实用的一种方法。在低温条件下，尤其是当温度降到 -10℃ 以下时，肉中的水分就结成冰，造成细菌不能生长发育的环境。羊肉的冷藏，可分为冷却肉和冷冻肉 2 种。

1）冷却肉　主要用于短时间存放的肉品，通常使肉中心温度降低到 0 ~ -1℃。具体要求是，肉在放入冷库前，先将库温降到 -4℃ 左右，肉入库后，保持 0 ~ -1℃。经过冷却的肉，表面形成一层干膜，从而阻止细菌生长，并减缓水分蒸发，延长保存时间。

2）冷冻肉　将肉品进行快速、深度冷冻，使肉中大部分水冻结成冰，这种肉称为冷冻肉。冷冻肉比冷却肉更耐贮藏。肉的冷冻，一般采用 -23℃ 以下的温度。为提高冷冻肉的质量，使其在解冻后恢复原有的滋味和营养价值，目前多数冷库均采用速冻法，即将肉放入 -40℃ 的速冻间，使肉温很快降低到 -18℃ 以下，然后移入冷藏库。肉的冷却和冷冻是在吊挂条件下进行的，所占库位较大。为了较长时间贮存，冷冻肉可移入冷藏库堆垛存放。冷藏库的温度要求低于 –18℃，肉的中心温度保持在 –15℃ 以下。冷藏时，温度越低，贮藏时间越长。

2.辐射保鲜法　羊肉的辐射保鲜技术的机制是利用放射性发出的能量以电磁波的形式透过物体，当物质中的分子吸收辐射能量时，会激活成离子或自由基，引起化学键破裂，使物质内部的结构发生变化；同时对细菌细胞中的遗传物质造成损伤，从而损害整个细胞体，影响其正常发育和新陈代谢，杀死肉品表面和内部微生物。此技术具有应用范围广、节约能源、高效、可连续操作和易实现自动化等特点。经过辐射保鲜的食品既卫生又美味可口，辐射后的食品不会留下任何残留物。目前认为，用辐射的方法照射食品是安全的。

3.天然防腐保鲜剂保鲜　天然防腐保鲜剂用于食品中一方面卫生上有保证，另一方面可更好地符合消费者的需要。目前最常用的天然防腐保鲜剂有茶多酚、香辛料提取茶多酚。天然防腐保鲜剂对肉制品的防腐保鲜作用通过 3 条途径实现，即抗脂质氧化、抑菌作用和除臭味物质。许多香辛料中含有杀菌抑菌成分，提取后作为防腐剂，既安全又有效。

4.真空包装技术保鲜

1）气调包装　气调包装也称换气包装，是在密封材料中放入食品，抽掉空气，用选择好的气体代替包装内的气体环境，以抑制微生物的生长，从而延长食品货架期。气调包装常用的气体有 CO_2、O_2 和 N_2。CO_2 可抑制细菌和真菌的生长，尤其是细菌繁殖的早期；O_2 的作用是维持氧合肌红蛋白，使肉色鲜艳，并能抑制厌氧细菌；N_2 是一种惰性填充气体，不影响肉的色泽，能防止氧化腐败霉菌的生长和寄生虫害。郝教敏等对气调包装延长羊肉保鲜期进行了研究，结果表明包装袋抽真空后，充入100% CO_2 对杂菌，包括假单胞菌属、大肠杆菌、乳酸杆菌、酵母菌均有明显的抑制作用，可大大地提高保鲜期，同时高浓度 CO_2 还可防止肌肉的氧化褐变。

2）托盘包装　托盘包装是将肉切分后用泡沫聚苯乙烯托盘包装，上面用聚乙烯薄膜覆盖。托盘包装的肉处于有氧环境，主要以好氧和兼性好氧的微生物为主，如假单胞菌和大肠菌群等。托盘包装简单适用且成本较低，但由于此包装不阻隔空气，会使肉的保质期大大缩短。

七、疫病防治标准化

（一）羊场防疫程序

羊场防疫工作与养羊业的发展、自然生态环境保护、人类身体健康的关系十分密切。目前，各种疫病对养羊业的危害较为严重，它不仅可能造成大批的羊死亡和经济损失，而且某些人畜共患性传染病还可能给人类的健康带来潜在威胁。由于现代规模化、集约化养羊业的饲养高度集中、调运移动非常频繁，所以更易受到传染病的侵染。本章列出了一些羊场常见易发疫病的防疫措施，以期在生产中起到一定的指导作用。

1. 按季节使用的防疫药剂

1）羊痘鸡胚化弱毒疫苗　预防山羊痘。每年 3 ~ 4 月进行接种，免疫期 1 年，接种时不论羊只大小，一律皮下注射羊痘鸡胚化弱毒疫苗 0.5 毫升 / 只。

2）羊链球菌氢氧化铝菌苗　预防山羊链球菌病。每年的 3 ~ 4 月、9 ~ 10 月 2 次防疫，免役期半年，接种部位为背部皮下。接种量为 6 月龄以下每只 3 毫升，6 月龄以上每只 5 毫升。

3）羊四联苗（快疫、猝疽、肠毒血症、羔羊痢疾）或羊五联苗（快疫、猝疽、肠毒血症、羔羊痢疾、黑疫）　每年 2 月底到 3 月初和 9 月下旬 2 次防疫，不论大小一律皮下或肌内注射 5 毫升。注射后 14 天产生免疫力，免疫期 6 个月。

4）口疮弱毒细胞冻干苗　预防山羊口疮，每年 3 月和 9 月 2 次注射，大、小羊一律口腔黏膜内注射 0.2 毫升。有资料证明注射山羊痘的羊只对口疮也可产生免疫力。

5）炭疽毒苗　预防炭疽病。每年 9 月中旬注射 1 次，不论大小皮下注射 1 毫升，

14 天后产生免疫力。

6）**羊口蹄疫苗**　预防羊口蹄疫，每年的 3 月和 9 月注射，4 月龄到 2 年的皮下注射 1 毫升，2 年以上的注射 2 毫升。

2. 按羊群的生理状况使用的防疫药剂

1）**羔羊痢疾氢氧化铝菌苗**　专给妊娠母羊注射可使羔羊通过吃初奶获得被动免疫。在妊娠母羊分娩前 20 ～ 30 天和 10 ～ 20 天时，2 次注射，注射部位分别在两后腿内侧皮下，疫苗用量分别为 2 毫升和 3 毫升，注射后 10 天产生免疫力，免疫期母羊 5 个月。

2）**山羊传染性胸膜肺炎氢氧化铝菌苗**　皮下或肌内注射，6 月龄以下 3 毫升 / 只，6 月龄以上 5 毫升 / 只。免疫期 1 年。

3）**羊流产衣原体油佐剂卵黄灭活苗**　预防山羊衣原体性流产。免疫时间在羊妊娠前或妊娠后 1 个月内皮下注射 3 毫升 / 只。免疫期 1 年。

4）**破伤风类毒素**　预防破伤风。免疫时间在妊娠母羊产前 1 个月或羔羊育肥阉割前 1 个月或受伤时注射，一般在颈部中央 1/3 处皮下注射 0.5 毫升，1 个月后产生免疫力，免疫期 1 年。

5）**羔羊大肠杆菌病苗**　预防羔羊大肠杆菌病，皮下注射，3 月龄以下羔羊 1 毫升，3 月龄以上 2 毫升。注射后 14 天产生免疫力，免疫期 6 个月。

说明：在实际生产中可根据当地的防疫情况有选择性的进行防疫，对当地常发的疫病和自己的养殖场里曾经发生过的疫病重点预防，从未发生过的疫病可有选择性地进行防疫。有些疫病的防疫药物有多种，可根据自己所处的疫区、生产的需要以及经济情况选择不同价位的药物和方法。

预防接种时要注意以下几点：

①要了解被预防羊群的年龄、妊娠、泌乳及健康状况，体弱或原来已生病的羊预防后可能会引起各种反应，应说明清楚，或暂时不打预防针。

②对妊娠后期的母羊应注意了解，如果怀胎已逾 3 个月，应暂时停止预防注射，以免造成流产。

③对半月龄以内的羔羊，除紧急免疫外，一般暂不注射。

④预防注射前，对疫苗有效期、批号及厂家应注意记录，以便备查。

⑤对预防接种的针头，应做到一次一换。

（二）常见疫病介绍与防治

1. 传染性疾病防治

1）沙门菌 沙门菌病，又名副伤寒，是由沙门菌引起的各种动物疾病总称。临诊上多变为败血症和肠炎，也可使妊娠母畜发生流产。

该病遍发于世界各地，对牲畜的繁殖和幼畜的健康带来严重威胁。许多血清型沙门菌，可使人感染和发生食物中毒。

（1）病原 沙门菌属是一大属群血清学相关的革兰阴性杆菌，沙门菌属可分为5个亚属，亚属下为血清型，共有2 020个血清型。兽医上重要的沙门菌血清型几乎都在亚属Ⅰ中。我国发现的血清型约200个。许多沙门菌具有产生毒素的能力，尤其是肠炎沙门菌、鼠伤寒沙门菌和猪霍乱沙门菌。毒素有耐热能力，75℃经1小时仍有毒力，可使人发生食物中毒。

（2）流行病学 沙门菌属中的许多类型对人、家畜、家禽以及其他动物均有致病性。各种年龄的畜禽均可感染，幼年动物较成年动物易感。羊以断奶龄或断奶不久的最易感染。

病畜和带菌者是本病的主要传染源。它们可由粪便、尿、乳汁以及流产的胎儿、胎衣和羊水排出病菌，污染水源和饲料等，经消化道感染健畜。病畜与健畜交配或用病公畜的精液人工授精可发生感染。此外，子宫内感染也有可能。

据观察，众多健康的畜禽带菌的现象（特别是鼠伤寒沙门菌）相当普遍。当外界不良因素使动物抵抗力降低时，病菌可变为活动化而发生内源性感染，病菌连续通过若干易感家畜，毒力增强而扩大感染。

本病一年四季均可发生。育成期羔羊常于夏季和早秋发病，孕羊则主要在晚冬、早春季发病。本病在畜群中发生后，一般呈散发性或地方流行性，有些动物还可表现为流行性。

下列因素可促进本病的发生：棚舍潮湿、拥挤，粪便堆积；饲料和饮水供应不良；长途运输途中气候恶劣；体内寄生虫和病毒感染；母畜缺乳；新引进家畜未实行隔离检疫等。

（3）症状 羊主要由鼠伤寒沙门菌、羊流产沙门菌、都柏林沙门菌引起。本病据临床表现分为下列2型。

①下痢型。病羊体温升高达40～41℃,食欲减退,腹泻,排黏性带血稀粪,有恶臭。精神委顿,虚弱,继而卧地,经1～5天死亡。有的经历2周后可康复。发病率30%,病死率25%。

②流产型。沙门菌自肠道黏膜进入血液,被带至全身各个器官,包括胎盘。细菌经母血进入胎儿血液循环中。绵羊于妊娠的最后1/3期间发生流产或死产。产前产后数天,阴道有分泌物流出。病羊产下的活羔,也表现衰弱、委顿、卧地,并且有腹泻,不吮乳,往往于1～4天死亡。流产率和病死率可达60%。

(4)诊断　根据流行病学、临床症状和病理变化,做出初步诊断;从病畜的血液、内脏器官、粪便,或流产胎儿胃内容物、肝、脾取材,做沙门菌的分离和鉴定。近年来单克隆抗体技术已用来进行本病快速诊断。

①下痢型。病羊真胃和肠道空虚,黏膜充血,有半液状内容物。黏膜上有黏液,并含有小的血块,肠道和胆囊黏膜水肿。肠系膜淋巴结一般增大充血。心内外膜有小出血点。

②流产型。流产的、死产的胎儿或出生后1周内死亡的羔羊,出现败血症病变。死亡母羊有急性子宫炎。流产或死产者其子宫肿胀,常含有坏死组织、浆液性渗出物和滞留的胎盘。

(5)防治

①预防。预防本病常用加强饲养管理,消除发病诱因,保持饲料和饮水的清洁、卫生。采用添加抗生素的饲料添加剂,不仅有预防作用,还可促进畜禽的生长发育,但应注意地区抗药菌株的出现,如发现对某种药物产生抗药性时,应改用另药。本病必须严格贯彻消毒、隔离、检疫、药物预防等一系列综合性防治措施。

②治疗。本病的治疗可选用药敏试验有效的抗生素,如土霉素,并辅以对症治疗。磺胺类(如磺胺嘧啶和磺胺二甲嘧啶)药物也有疗效,近年对该病治疗新药较多,可根据具体情况选择使用。亦可选用高免血清或耐过羊的血制得的血清配合抗生素进行治疗。

2)坏死杆菌病　坏死杆菌病是由坏死杆菌引起的多种畜禽的一种慢性传染病。临床表现皮肤。皮下组织和消化道黏膜的坏死,有时在内脏形成转移性坏死灶。

(1)病原　坏死杆菌为革兰阴性、不能运动、不形成芽孢和荚膜的多形性厌氧菌。小者呈球杆菌,其大小为(0.5～1.5)微米×0.5微米;大者呈长丝状,其大小为0.75微米×(100～300)微米,且多见于病灶及幼龄培养物中。普通苯胺染料可以着色,用稀苯酚复红液或碱性美蓝加热染色，则出现浓淡不均匀着色。

坏死杆菌广泛存在于自然界，在土壤、污泥塘、动物饲养场等处均可发现，甚至常见于健康家畜的粪便内。

对外界的抵抗力不强，直射阳光经 8 ~ 10 小时死亡；60℃ 30 分即可杀死；1% 高锰酸钾溶液经 10 分，5% 甲酚皂溶液经 5 分可杀死本菌。

（2）流行病学　该病侵害各种哺乳动物和禽类，如绵羊、山羊、牛、马、猪、鹿、兔、鸡等，其中以猪、绵羊、牛、马最易感。人也偶尔感染，在动物的皮肤、口腔、肺部形成脓肿。

传染来源是病畜或带菌动物，常由粪便排出病原菌，污染土壤、死水坑、畜舍、饲料和垫草，通过损伤的皮肤和黏膜而感染，身体任何部分都能成为传染门户。通常以蹄和四肢皮肤、口腔黏膜和生殖器黏膜发生较多。特别是在饲养管理不良、圈舍潮湿、家畜营养缺乏时，最易发病。常发生于多雨、潮湿和炎热季节，以 5 ~ 10 月最为多见。

（3）症状　潜伏期一般为 1 ~ 3 天，或 1 ~ 2 周。

坏死杆菌病多见于山羊，常侵害蹄部，引起腐蹄病。蹄间隙、蹄踵和蹄冠红肿，有时蹄甲脱落。绵羊羔还可发生疮，在鼻、唇、眼部甚至口腔发生结节、水疱、随后成棕色痂块。重症病例若治疗不及时，往往由于在内脏器官形成转移性坏死灶而死亡。

可见实质器官发生坏死灶或胃肠黏膜有纤维素坏死性炎症。

（4）诊断　根据流行病学及临床症状可做出诊断。必要时，可进行细菌检查，从病、健组织交界处采取材料涂片，用稀释苯酚复红或碱性美蓝加热染色，可发现着色不均细长丝状坏死杆菌。

（5）防治

①预防。加强饲养管理，改善饲养环境卫生，及时清除粪便，勤换垫草，保持畜舍清洁干燥。避免畜群拥挤和争食咬斗，防止发生创伤，如有创伤，则及时处理。注意蹄部的护理，不在低洼潮湿的地区放牧。

高床饲养的应注意检查床面是否有铁丝、铁钉等硬物，以防扎伤羊只蹄部。

②治疗。先清除患部坏死组织后，用 3% 甲酚皂溶液或 1% 高锰酸钾冲洗，或用 6% 福尔马林、30% 硫酸铜脚浴，然后用抗生素软膏涂抹。为防止硬物刺激，可将患部用绷带包扎。当发生转移性病灶时，应进行抗生素全身治疗。

3）大肠杆菌病　　大肠杆菌是 Escherich 于 1885 年发现，直到 20 世纪中叶，人们才认识到该菌某些血清型具备致病性或者条件致病性，是引起动物和人感染败血症或严重腹泻的病源之一。依据致病机制的差异，可以将大肠杆菌分为致病性大肠杆菌、侵袭性大肠杆菌、肠产毒性大肠杆菌和肠出血性大肠杆菌 4 种。随着大型集约化畜牧业的发展，大肠杆菌对养殖业造成的损失日益明显，一般以侵袭羔羊为主，故又称羔羊大肠杆菌病。

（1）病原　　大肠杆菌病病原属肠杆菌科，埃希菌属中的大肠埃希菌，此菌在羊肠道内寄居，构成固定的细菌群，当羊正常生理机能受到破坏，致使羊肠道内微生态环境发生改变，导致大肠杆菌的生物特性发生变化而由正常菌群转变成本病的主要致病菌群。出生不久，机体功能不健全，以及抵抗力不强的羔羊更为明显。

本菌抵抗力中等，但是各个菌株之间可能有差异。一般均可用巴氏消毒剂杀死。常用消毒药几分内即可将其杀死。在潮湿阴暗的环境中可以存活不超过 1 个月，在寒冷而干燥的环境中存活较久，各地分离的大肠杆菌对抗菌药物的耐药性差异较大，并且极易产生耐药性。

（2）流行病学　　患病动物和带菌动物是本病的主要传染源，通过粪便排出的病菌，散布于外界，污染饲料以及母畜的乳头和皮肤。当幼畜吮乳、舔毛时经消化道而感染。某些血清型菌株也可以经鼻咽部黏膜侵入动物体，并导致脑膜炎；或经子宫、产道、脐带、输卵管等感染。本病既可以水平传播又可以垂直传播，所以加强消毒和母羊配种前接种大肠杆菌疫苗是预防本病的关键所在。

本病一年四季均可发生，多发生于出生数日至 6 周龄的羔羊，有些地方 3 ~ 8 月龄的羊也会发生。呈地方流行，也有散发，该病的发生与气候不良、营养不足、场地潮湿污秽等有关系。放牧季节很少发生，冬季舍饲季节常发。集约化养殖场，羊密度过大，通风换气不良、饲养管理工具及环境消毒不彻底，可以加速本病的流行。另外，营养失调，如缺乏维生素、矿物质、蛋白质或蛋白质饲料偏高，母乳不足等也可导致羔羊发生大肠杆菌病。

（3）症状　　大肠杆菌病潜伏期为数小时至 2 天。根据症状不同可将其分为肠炎型和败血型。

①肠炎型。又称大肠杆菌性羔羊痢疾，多发于 7 日龄以内的羔羊。病初体温升高至 40 ~ 41℃，不久即下痢，体温降至正常或略高。粪便开始呈黄色或灰色半液状，后呈液状，含气泡，有时混有血液和黏液，肛门周围、尾部和臀部皮肤被粪便污染。

病羔羊腹痛、弓背、虚弱，有时候出现痉挛。如治疗不及时，可在 24 ～ 36 小时死亡，病死率 15% ～ 75%。

②败血型。主要发生于 2 ～ 6 周龄的羔羊，病羔体温升至 41 ～ 42℃，精神委顿，四肢僵硬，迅速虚脱，运动失调，头常弯向一侧或向后仰，视力障碍、磨牙等。有的出现关节疼痛等关节炎症状，个别发生胸膜肺炎，听诊啰音，还有的濒死期从肛门流出稀粪，呈急性经过，多以 4 ～ 12 小时死亡，死亡率可达 80% 以上。

另外，近年来也有育肥羊和成年羊感染大肠杆菌病的报道。有些地区 3 ～ 8 月龄育肥羊发生败血性大肠杆菌病，发病急，死亡快。成年羊感染大肠杆菌病的一般临诊症状主要表现为腹泻，很少死亡。

（4）诊断　肠型患病羔羊剖检可见到尸体严重脱水，真胃、小肠和大肠内容物呈黄色半液状。黏膜充血，肠系膜淋巴结肿胀发红；胃膨胀，黏膜充血。有的肺脏呈初期炎症病变。从肠道各部分分离到致病性大肠杆菌。

①败血型。患病羊急性死亡时，一般无明显肉眼可见病变。病程稍长者可以从各内脏分离到大肠杆菌。剖检可见胸、腹腔和心包大量积液，内有纤维素；某些关节部位，尤其是肘、腕关节肿大，包膜下有小出血点；肺的心叶、尖叶、隔叶均有较大面积的充血、出血性病变，水肿明显，边缘增厚；脾脏出血、瘀血，呈紫黑色；大肠内粪便干燥，肠淋巴结水肿、出血；肾皮质小点出血，髓质充血，有时切面有泡沫样液体流出，甚至肾有软化现象。

②肠炎型。有时可见化脓性—纤维素性关节。从肠道各部分分离到致病性大肠杆菌。剖检尸体严重脱水，真胃、小肠和大肠内容物呈灰黄色，黏膜充血，肠系膜淋巴结肿胀发红。有的肺呈初期炎症病变。

羔羊大肠杆菌病症状有时与羊传染性胸膜肺炎、B 型产气荚膜梭菌引起的羔羊痢疾相似，诊断时注意区别。

（5）防治

①预防。疫苗接种，用羊大肠杆菌病灭活苗，全群普防，1 年接种 3 次或 2 年接种 5 次，疫情严重场圈，母羊配种前接种 1 次，绵羊、山羊败血型大肠杆菌都有较好免疫效果。

②治疗。本病的急性经过，患羊往往来不及救治即死亡。加之由于抗菌药物滥用，目前真正敏感的抗菌药物并不多，根据需要，采集样本，进行药敏试验筛选。也可以用改善肠道菌群的活菌制剂治疗。

4）羊传染性胸膜肺炎 又称羊支原体肺炎，是支原体所引起的一种高度接触性传染病，其临床特征为高热、咳嗽，胸和胸膜发生浆液性和纤维素性炎症，病死率很高。

（1）病原 引起山羊传染性胸膜肺炎的病原体为丝状支原体山羊亚种。丝状支原体山羊亚种对红霉素高度敏感，对青链霉素不敏感。绵羊支原体对红霉素有一定的抵抗力。

（2）流行病学 在自然条件下，丝状支原体亚种只感染山羊。3岁以下的山羊最易感染，而绵羊支原体肺炎则可以感染山羊和绵羊。本病呈地方性流行，接触传染性强，主要通过空气飞沫经呼吸道传染。阴雨连绵，寒冷潮湿，羊群密集拥挤等因素，有利于空气飞沫传染的发生。多发生在山地和草原，主要见于冬季和早春枯草季节，羊只营养缺乏，容易受寒感冒，因而机体抵抗力下降，较易发病，发病后病死率也较高。

新疫区暴发，几乎都是引进或迁入病羊或带菌羊而引起。在牧区，健康羊可能由于放牧时与染疫羊发生混群而感染。发病后在羊群中迅速传播，20天左右可波及全群。冬季流行期平均为15天，夏季可维持2个月以上。

（3）症状 潜伏期短者5～6天，长者3～4周。根据病程和临床症状，可分为最急性、急性和慢性3型。

①最急性。病初体温升高，可达41～42℃，极度委顿，食欲废绝，呼吸急促而又痛苦地鸣叫。数小时后出现肺炎症状，呼吸困难，咳嗽，并流出浆液性鼻液，肺部叩诊成浊音和实音，听诊肺部肺泡音减弱、消失或捻发音。12～36小时渗出液充满肺并进入胸腔，病羊卧地不起，四肢直伸，呼吸困难，每次呼吸则全身颤动；黏膜高度充血，发绀；目光呆滞，呻吟哀鸣，不久窒息而亡。病程一般不超过4～5天，有的仅为12～24小时。

②急性。最常见。病初体温升高，继之出现短而湿的咳嗽，伴有浆液性鼻漏。4～5天，咳嗽变干而痛苦，鼻液转为黏液、脓性病呈铁锈色，黏附于鼻孔和上唇，形成干涸的棕色痂垢。多在一侧出现胸膜炎变化，叩诊有实音区，听诊呈支气管呼吸音和摩擦音，按胸壁表现敏感，疼痛。这是高热稽留不退，食欲锐减，呼吸困难和痛苦呻吟，眼睑肿胀、流泪、眼有黏液、脓性分泌物。口半张开，流泡沫状唾液，头颈伸直，腰背弓起，腹肋紧缩，妊娠羊70%～80%发生流产。最后病羊卧倒，极度衰弱委顿，有的发生腹胀和腹泻，甚至口腔中发生溃疡，唇、乳房等部皮肤发疹，

濒死前体温下降至常温下，病期为 7 ~ 15 天，有的可达 1 个月。幸而不死的转为慢性。

③慢性。多见于夏季。全身症状轻微，体温降至 40℃ 左右。病羊间有咳嗽和腹泻，鼻涕时有时无，身体衰弱，被毛粗乱无光。在此期间，如饲养管理不良，与急性病例接触或机体抵抗力由于种种原因而降低时，很容易复发或出现并发症迅速死亡。

多局限于胸部。胸腔常带有黄色液体，有时多至 500 ~ 2 000 毫升，暴露于空气后期中有纤维蛋白凝块。急性病例的损害多为一侧，有两侧纤维素性肺炎；肝变区凸出于肺表，颜色有红色至灰色不等，切面呈大理石样；纤维蛋白渗出液的充盈使得肺小叶间组织变宽，小叶界限明显，支气管扩张；血管内血栓形成。胸膜变厚、粗糙，上有黄色纤维素层附着，直至胸膜与肋膜、心包发生粘连。支气管淋巴结肿大，切面多汁并溢血点。心包积液，心肌松弛、变软。急性病例还可见肝、脾肿大，胆囊肿胀，肾肿大和膜下小溢血点。病程稍长者，肺肝变区结缔组织增生，甚至有包囊化的坏死灶。

（4）诊断　由于本病的流行规律、临床症状都很有特征，根据这两个方面做出综合诊断并不困难。确诊需要进行病原分离鉴定和血清试验。羊巴氏杆菌临床症状和病理变化有类似之处，注意区别。

（5）防治

①预防。免疫接种，用羊传染性胸膜肺炎灭活苗预防。6 个月以上的山羊每只接种 5 毫升，6 个月以下的每只接种 3 毫升能有效预防本病的发生。平时预防，除加强一般措施外，关键是防止引入病羊或迁入带菌羊，新购入羊需要隔离观察，确认健康后方可混入大群。

②治疗。用新胂凡纳明静脉注射，证明能有效地治疗本病。也可选用敏感药物注射，加强护理，结合饮食疗法和必要的对针疗法。

5）羊败血性链球菌病　该病原可以引起人的感染，因此，在临床诊断和实验室取样检测过程中要做好个人保护。

（1）病原　本病是 C 群马链球菌兽疫亚种引起的一种传染病，也称羊链球菌病。该病以咽喉部及颌下淋巴结肿胀、大叶性肺炎、浆液性肺炎、纤维素性胸膜肺炎、呼吸异常困难、全身出血性败血症、胆囊肿大为特征。绵羊最易感，山羊次之。

（2）流行病学　病羊和带菌羊是本病的主要传染源，该病主要经呼吸道或损伤的皮肤传播；病菌通常存在于病羊的各个脏器以及各种分泌物、排泄物中，在鼻液、气管分泌物和肺胀含量很高，经呼吸道排出病原体，容易造成该病的呼吸道传播。另外，损伤的皮肤、黏膜和吸血昆虫叮咬也是该病的传播途径。病死羊的肉、骨、皮、毛等可以散播病原。

羊链球菌主要发生在绵羊，山羊次之。新疫区多呈流行性发生，危害严重；老疫区则呈地方性或散发性流行。本病的发生与气候变化有关。在冬春季节发病，发病率为 15% ～ 25%，死亡率达到 80% 以上。

（3）症状　本病的潜伏期，自然感染为 2 ～ 7 天，少数长达 10 天。

①最急性。病羊初发症状不易发现，常于 24 小时内死亡，或在清晨检查圈舍时发现死于圈舍内。

②急性。病羊体温升高到 41℃ 以上，精神委顿、垂头、弓背、呆立、不愿走动。食欲减退或废绝，停止反刍。眼结膜充血，流泪，随后出现浆液性分泌物。鼻腔流出浆液性脓性鼻汁。咽喉肿胀，咽背和颌下淋巴结肿大，呼吸困难，咳嗽。粪便有时带有黏液或血液。妊娠羊阴门红肿，多发生流产。最后衰竭倒地。多数窒息死亡，病程 2 ～ 3 天。

③亚急性。体温升高，食欲减退。流黏液性透明鼻液，咳嗽。呼吸困难。粪便稀软带有黏液或血液。嗜卧、不愿走动，走时步态不稳。病程 7 ～ 14 天。

④慢性。一般轻度发热、消瘦、食欲不振、腹围缩小、步态僵硬、掉群。有的病羊咳嗽，有的出现关节炎。病程 1 个月左右。

（4）诊断　根据发病地区的流行情况，查看是否有链球菌病的发展史。临床诊断见咽喉肿胀，咽背和颌下淋巴结肿大，有呼吸困难等呼吸道症状，剖检见到全身性败血性变化，各脏器浆膜面常覆盖有黏稠、丝状的纤维素样物质等变化，可以初步诊断。

羊巴氏杆菌、羊链球菌与羊梭菌性疾病有很多相似之处，应注意鉴别：羊巴氏杆菌属于革兰阴性杆菌，患病羊鼻孔出血，有恶臭血便；羊链球菌为革兰阳性球菌；羊梭菌患病羊没有全身广泛性出血变化。

特征性病理变化以败血症为主，可见各个脏器广泛性出血、淋巴结肿大、出血。鼻、咽喉和气管黏膜出血。肺水肿或气肿，出血，出现肝变区。胸腔、腹腔及心包液增量。心冠沟及心内外膜有小点状出血。肿大呈泥土色，边缘钝厚，包膜下有出血点；胆囊肿大 2 ～ 4 倍，胆汁外渗。肾脏质脆，变软，出血梗死，包膜不易剥离。各个器官浆膜面附有黏稠的纤维素性渗出物。

（5）防治

①预防。对于该病的防控，预防是关键。要注意注射羊败血性链球菌活疫苗，每年秋天免疫1次。要加强饲养管理，做好抓膘、防寒保暖工作。不从疫病区购进羊，污染圈舍要彻底消毒。

疫区羊群羊败血性链球菌活疫苗全群普免，必要时每年秋、冬季或春、秋季免疫2次。发生疫情时，健康羊紧急尾根部皮下（其他部位不得注射）注射1头份，隔离病羊，参照细菌感染及败血症进行治疗。

②治疗。治疗要考虑对症治疗，在应用抗链球菌药物的同时，还要采取退热、强心、补液等辅助疗法。这样可以明显提高治疗效果。羊群一旦发病，应立即隔离，病羊应及早治疗。早期可以选用抗生素治疗，防止激发感染；重症羊可以注射尼可刹米缓解呼吸困难。对于局部脓肿的病例可配合局部疗法，将脓肿切开，清除脓汁，然后清洗消毒，涂抹抗生素。

③疫情应急措施。羊群发现该病后要立即隔离病羊，健康羊立即用抗生素预防3天，之后注射羊败血性链球菌活疫苗紧急预防，对发病羊尽早进行治疗，被污染的圈舍、围栏、场地、器具等用20%生石灰、3%甲酚皂溶液等彻底消毒。

6）小反刍兽疫　小反刍兽疫又叫小反刍兽瘟，是由小反刍兽疫病毒引起的小反刍动物的一种急性、烈性、接触性传染病，主要感染山羊、绵羊及一些野生小反刍动物。该病的临诊表现与牛瘟相似，故也称为伪牛瘟。其特征是发病急剧，高热稽留，眼鼻分泌物增加，口腔糜烂、腹泻与肺炎；发病率高达100%，严重暴发时致死率100%，危害相当严重，造成巨大的经济损失。

（1）病原　小反刍兽疫病毒是毒科麻疹病毒属，同属其他成员还有牛瘟病毒、犬瘟热病毒、海豹瘟病毒和麻疹病毒。本病毒与牛瘟病毒相互之间有血清相关性，能产生交叉保护，过去曾认为是牛瘟病毒的变异株，临床上也有利用麻疹疫苗成功预防牛瘟的报道，足以证明其血清相关性。20世纪70年代证明小反刍兽疫病毒为副黏病毒科麻疹病毒属新成员。

（2）流行病学　自然发病主要有山羊、绵羊、羚羊等小反刍动物，但山羊发病时比较严重，时常呈最急性型，很快死亡。绵羊次之，一般呈亚急性经过而后痊愈，或不呈现病状。牛、猪等偶尔隐性感染，通常为亚临床经过。2~18个月的幼年动物比成年的易感。

该病的传播主要为患病动物和隐性感染者，处于亚临床症状的羊尤为危险。病畜的分泌物和排泄物均含有大量病毒。

该病通过直接接触患病动物和隐性感染者的分泌物传染，也可以通过呼吸道飞沫传播，还可能经人工授精或胚胎移植感染，感染的母羊发病前 1 天至发病后 45 天经乳汁传染。尚无间接传染的病例报道。非疫区多因引入感染动物而扩散，故需要管制感染动物及相关物品的引入。患病羊康复后不会成为慢性带毒者。病毒在体外不易存活。

该病的流行无明显的季节性。在首次暴发时易感动物群的发病率可达 100%，严重时致死率达 100%；中度暴发时致死率达 50%。但在老疫区，常为零星发生，只有在易感动物增加时才可发生流行。幼年动物发病严重，发病率和死亡率都很高。

（3）临诊症状　由于动物样品、年龄差异以及气候和饲养管理条件不同而出现的敏感病不一样，主要表现以下几个类型。

①最急性。常见于羊。在平均 2 天的潜伏期后，出现高热（40 ～ 42℃），精神沉郁，感觉迟钝，不食，毛竖立。同时出现流泪及浆液、黏性鼻液。口腔黏膜出现溃烂，或在出现之前死亡。但是常见齿龈充血，体温下降，突然死亡。整个病程 5 ～ 7 天。

②急性。潜伏期为 3 ～ 4 天，症状和最急性的一样，但病程较长。自然发病多见于山羊和绵羊，患病动物发病急剧，高热 41℃ 以上，稽留 3 ～ 5 天，初期精神沉郁，食欲减退，鼻镜干燥，口鼻流脓性分泌物，并很快堵塞鼻孔，呼出恶臭气体。口腔黏膜和齿龈充血，进一步发展为颊黏膜出现广泛性损害，导致涎液大量分泌排出；从发病第五天起，黏膜出现溃疡性病灶，感染部位包括下唇，下齿龈等处，严重病例可见坏死病灶波及齿龈、腭、颊部、乳头、舌等处。舌被覆盖一层为微白色浆液性恶臭的浮膜，当向外牵引时，即漏出鲜红和很容易出血的黏膜。后期常出现带血的水样腹泻，病羊严重脱水，消瘦，常有咳嗽、胸部啰音以及腹式呼吸表现。死前体温下降。幼年动物发病严重，发病率、死亡率都很高。母畜常发生阴道炎，常伴有黏液脓性分泌物，孕畜可发生流产。病程 8 ～ 10 天，有的并发其他病而死亡，有的痊愈，也有的转为慢性。

③亚急性或慢性。病程 10 ～ 15 天，常见于急性期之后。早期的症状和上述相同。口腔和鼻孔周围以及下颌部发生结节和脓包是本型晚期的特有症状，易与传染性脓疱混同。

（4）诊断　根据该病的流行病学、临诊表现和病理变化可做出初步诊断，确诊需要进行实验室检查。

（5）防治

①预防。该病的危害相当严重，是世界动物卫生组织及我国规定的重大传染病之一，因此应加强国境检验、加强动物及动物产品检验监管、强化疫情监测，防止该病的传染和蔓延，受威胁区可注射小反刍兽疫活疫苗或小反刍兽疫高免血清进行紧急预防和治疗。

②扑灭措施。一旦发现疫情，要立即报告，并采样送有关部门确诊，严格按照国家有关规定的要求，按照一类动物疫情处置方式扑灭疫情。

7）传染性脓疱 本病又称传染性脓疱性皮炎，俗称羊口疮，又名绵羊接触性传染性脓疱皮炎、绵羊接触传染性脓疱皮炎，是由传染性脓疱病毒引起的一种急性、接触性人兽共患传染病。主要危害羔羊，以口腔黏膜出现红斑、丘疹、水疱、脓疱，形成尤状痂斑为特征。本病广泛存在世界各地的养羊地区，发病率几乎达100%。在我国养羊业中，本病是一种常发疾病，引起羔羊生长发育迟缓和体重下降，给养羊业造成较大的经济损失。

（1）病原 传染性脓疱病毒即羊口疮病毒，属于痘病毒科、副痘病毒属。一般认为引起动物痘病的病毒最初可能起源于同一种病毒，由于长期在各种动物中传染继代逐渐适应，结果形成了各种动物的痘病毒。不同国家和地区的不同毒株经进行交叉试验和其他一些理化试验，证明病毒的多型性是存在的。临床上常用羊痘疫苗预防羊口疮。

本病毒比较耐热，55 ~ 60℃ 30分方能杀死，在室温条件下可以存活5年，在 -75℃时十分稳定。痂皮暴露在阳光下可保持感染性达数月，在阴暗潮湿的牧场保持数年。50% 甘油缓冲液为病毒的良好保护剂，0.05% 叠氮钠、1% 胰酶不影响病毒活力。0.5 米高 30 瓦紫外线灯照射 10 分、2% 福尔马林浸泡 20 分能杀死病毒，可用于污染场地和用具的消毒。

（2）流行病学 病毒感染绵羊及山羊，主要是羔羊。人类与羊接触也可以感染，引起人的口疮。

病羊和带毒羊是传染源。该病主要通过直接和间接接触感染。病毒存在于污染的圈舍、垫草、饲草等通过损伤的皮肤、黏膜感染。自然感染主要因购入病羊或带毒羊而传入健康羊群，或通过将健康羊置于曾有病羊用过的厩舍或牧场引起。一年四季均可发生。但以春、夏季发病最多，这可能与羊只繁殖季节有关。圈舍潮湿、饲喂带芒刺或坚硬饲草、羔羊的出牙均可促使本病的发生。

该病主要侵害羔羊，成年羊发病率较低。如果以群为单位计，则羔羊发病率可达100%。若无继发感染，病死率不超过1%；若有继发感染，则病死率可达20% ~ 50%。

（3）临诊症状　潜伏期为2 ~ 3天，临诊上分为唇型、蹄型、乳腺炎型和外阴型4种类型。我国甘肃省羊口疮仅见于唇型，未见其他病型。

①唇型。见于绵羊羔羊，一般在唇、口角、鼻和眼睑的皮肤上出现散在的小红斑，很快形成丘疹和小结节，进而形成水疱或脓疱，破溃后形成棕黄色的疣状硬痂，牢固地附着在真皮的红色乳头状增生物上，呈"桑葚"样外观，这种痂块经10 ~ 14天脱落而痊愈。

口腔黏膜也常受害。在唇内侧、齿龈、颊内侧、舌和软腭上，发生灰白色水疱，其外绕以红晕，继而变成脓疱和烂斑；或因继发感染而形成溃疡，或发生深部组织坏死，少数病例可以继发细菌性肺炎而死亡。

②蹄型。常见于绵羊，通常在四肢的蹄叉、蹄冠或蹄部皮肤上，出现痘样湿疹，亦按丘疹、水疱、脓疱的规律发展，破溃后形成溃疡，若有继发感染则发生化脓、坏死，常波及蹄骨，甚至肌腱或关节。病羊跛行，长期卧地，病期漫长。也可能在肺脏以及乳房发生转移性病灶，严重者多因衰竭或败血症而死亡。

③乳腺炎型。病羔吮乳时，常使母羊的乳房的皮肤上发生丘疹、水疱、脓疱、烂斑或痂块，有时还会发生乳腺炎。

④外阴型。本型病例较为常见。母羊表现为外阴有黏液或脓性分泌物，在肿胀的阴唇及附近皮肤上常发生溃疡；公羊的阴鞘及阴茎上发生脓疱和溃疡。

（4）诊断　根据临床症状特征（口角周围有增生性呈桑葚样痂垢）和流行病学资料，可做初步诊断。必要时采集水疱液、溃疡面组织做实验检验。

（5）防治　本病主要有创伤感染，所以要防止黏膜和皮肤发生损伤，在羔羊出牙期应喂给嫩草，拣出垫草中的芒刺。加喂舔砖，以减少啃土啃墙。不要从疫区引进羊只和购买畜产品。发生本病时，对污染的环境，特别是厩舍、管理用具、病羊体表和患部，要进行严格的消毒。在流行地区可以接种弱毒疫苗，以皮肤划痕接种方法效果最好。

①预防。耐过羊口疮的羊只一般可获得较强的免疫力。由于本病免疫接种部位及方法不同，免疫效果亦不同，因此免疫部位及途径对于防控本病也非常重要。

②治疗。对唇型和外阴型的病羊，可选用0.1% ~ 0.2%高锰酸钾溶液冲洗创面，

再涂以 2% 龙胆紫、碘甘油、青霉素软膏等，每天 1 ~ 2 次。可将蹄部浸泡在福尔马林中 1 分，必要时每周重复 1 次，连续 3 次；每隔 2 ~ 3 天用 3% 龙胆紫，或 10% 硫酸锌乙醇溶液重复涂擦。土霉素软膏也有良效。对于严重病例可给予支持疗法。为防止感染，可以内服或注射抗生素药物。

8）绵羊蓝舌病

（1）病原　病原体为呼肠孤病毒科的蓝舌病病毒，因患病羊只舌呈蓝紫色而得名。库蠓是主要的传播媒介，病毒可经胎盘侵害胎儿。

（2）流行病学　绵羊是蓝舌病的易感动物。患病羊和患病以后带毒的羊只是本病的传染源。绵羊蓝舌病的传播主要是通过媒介昆虫的叮咬进行，还会通过胎盘进行垂直感染，所以，媒介昆虫大量滋生的季节和区域，也就是湿热的晚春和夏季以及旱秋和池塘与河流分布较广的潮湿低洼地区发生蓝舌病的情况很多，一般在每年的 5 ~ 10 月发病较多。

（3）症状　潜伏期 3 ~ 8 天，病羊发热高达 42℃，精神沉郁，食欲废绝，口腔黏膜充血，舌呈蓝紫色，数日后口、舌上皮黏膜糜烂，头、耳和喉部可发生水肿，有的见咳嗽、血样下痢症状；妊娠绵羊可出现流产、死胎或胎儿先天异常。病程为 6 ~ 14 天，病死率达 2% ~ 30%。

绵羊蓝舌病除病羊舌见蓝紫色外，体温升高等全身症状明显，而传染性脓疱主要侵害幼羊，一般不出现体温升高及全身症状，病变只发生在口唇部。

（4）诊断　临床的初步诊断可以依据患羊的典型症状表现和剖检病变。确诊疾病就需要进一步采取实验室诊断措施，可以采取病料进行人工感染或通过鸡胚、乳鼠和乳仓鼠进行病毒分离、血清学检测、中和试验、补体结合反应、免疫荧光抗体技术等都可以作为本病的定性试验，其中中和试验具有较高的特异性，能作为绵羊蓝舌病病毒血清型的区别手段。采用鸡胚进行静脉接种是最敏感和实用的分离病毒的方法。绵羊蓝舌病病毒分离物的定性鉴定可以通过免疫荧光试验进行。

（5）防治　防重于治，从外地引进绵羊时，要严格检疫；夏季做好消灭库蠓工作，防止库蠓叮咬；患病羊只用 0.1% ~ 0.2% 高锰酸钾溶液等对患部进行冲洗，溃疡面涂抹碘甘油或冰硼散，每天 2 ~ 3 次，并用磺胺类或抗生素类药物防止继发感染，同时做好病羊的防晒与营养均衡。

9）羊痘病

（1）病原　羊痘病是由羊痘病毒引起的传染病，其特征是羊全身皮肤，尤其是无毛或少毛的皮肤、黏膜上发生特异的痘疹。痘初期为丘疹，后变为水疱，随后变为脓疱，脓疱干结成痂，脱落后痊愈。羊痘病对羔羊致死率高。

（2）流行病学　羊痘病只传染给特定的细胞型的反刍动物。羔羊极易感染且死亡率较高，妊娠母羊感染后易发生流产。

（3）症状　发病羊精神委顿，食欲减少或不食，体温升高到 41 ~ 42℃，伴有咳嗽、寒战。先在皮肤上出现明显的充血斑点，随后出现眼睑肿胀，眼结膜出血；眼角、鼻腔流出脓性或浆液性分泌物；在腹股沟、腋下和会阴等部位，甚至全身出现红斑、丘疹、结节、水疱，严重的可形成脓疱，甚至全身皮肤出现红斑，随后红斑逐渐增大、突出，形成丘疹结节。结节在几天内形成水疱，化脓，最后结痂脱落而愈。病程 2 ~ 3 周；病羊口腔、咽喉、舌头等处亦发生多个丘疹，化脓形成溃疡，发臭，严重影响饮食；发生羊痘病后，病羊常伴有并发症，如呼吸道炎症、肺炎以及孕羊流产等。在羊痘病发展过程中，轻者仅出现体温升高、眼结膜卡他性炎症，痘疹也能很快消散痊愈。但体质较差、营养不良的老弱羊及羊羔，多呈现恶性经过，甚至死亡。

剖检病死羊，可见唇、鼻、颊、眼角、腿部等部位皮肤上有痘痂；口腔、咽喉、舌头等有多处溃疡，严重化脓；前胃和真胃黏膜上有大面积出血性炎症，明显可见溃疡或红斑；肠充血充气，肠壁变薄，内容物少；头颈部、肩前、腹股沟及肠系膜淋巴结肿大，有充血、化脓、坏死现象。

（4）诊断　根据流行病学特点、症状和病理剖检变化，可诊断为羊痘病。

（5）防治

①预防。

A.隔离封锁。由畜牧部门迅速划定疫点、疫区、受威胁区，发布封锁令，封锁疫区，设卡消毒，严防疫区内羊只流动，造成疫情扩散。

B.严格进行无害化处理。对死亡羊只、剩余饲草饲料及污染物采用焚烧、深埋等方式进行无害化处理；羊粪堆积发酵。

C.彻底消毒。对疫区内羊的圈舍及周围环境用 3% 漂白粉、20% 石灰乳进行彻底消毒，消灭传染源。

D.紧急免疫接种。羊痘病应以预防为主，最有效的办法是搞好免疫接种，每年对羊只免疫接种一次羊痘疫苗，接种后 4 ~ 5 天产生免疫力，如果等发病后预防，往往效果较差。

E.密切监视疫情动态，防止疫情反弹。经过 21 天内再无新的疫情发生，即可解除封锁。

②治疗。羊痘病目前尚无有效药物可治疗，但给以抗菌消炎的药物可防止并发症，减少死亡率；严重的病羊，要输液治疗。对皮肤病灶用 0.1% 高锰酸钾溶液清洗，然后涂上碘酊或紫药水；为防止继发感染，应喂抗生素、磺胺类、病毒类药物。

2. 寄生虫病的防治

1）羊肝片吸虫病　羊肝片吸虫病是由肝片吸虫寄生于羊的肝脏、胆管中引起的。该病在全国各地均有发生，并可危害其他反刍动物，人亦可感染。

（1）症状

①急性。初期发热，衰弱，易疲劳，离群落后，之后迅速出现贫血，黏膜苍白，叩诊肝区半浊音区扩大，压痛明显，病羊很快死亡。

②慢性。逐渐消瘦，贫血，黏膜苍白，食欲不振，便秘与下痢交替发生，眼睑、下颌、胸下、腹下出现水肿，全身乏力，最后极度衰弱而卧地不起，甚至死亡。

（2）防治

①预防。定期驱虫，每年 9 ~ 10 月驱虫 1 次；粪便处理，及时对羊舍内的粪便进行堆积发酵，以便杀死虫卵；夏、秋季节尽量少到低洼潮湿的地方放牧，以减少感染的机会。

②治疗。

A. 丙硫苯咪唑：每千克体重 5 ~ 15 毫克，一次口服。

B. 硝氯酚（拜耳 9015）：每千克体重 4 ~ 5 毫克，口服。

C. 五氯柳胺：可高效驱成虫；剂量为每千克体重用 15 毫克，口服。

D. 碘醚柳胺：对驱除成虫和 6 ~ 12 周的未成熟肝片吸虫都有效，剂量为每千克体重用 7.5 毫克，口服。

E. 双酰胺氧醚：可高效驱除 1 ~ 6 周龄肝片吸虫幼虫，但随虫龄的增长，药效也随之降低。用于治疗急性肝片吸虫病；剂量为每千克体重 7.5 毫克，口服。

F. 硫双二氯酚（别丁）：对驱除成虫有效，使用后有较强的下泻作用；剂量为每千克体重用 80 ~ 100 毫克，口服。

2）羊血吸虫病　羊血吸虫病是由分体科、分体属及鸟毕属的吸虫寄生在羊的门静脉和盆腔静脉内引起的。

（1）症状　羊血吸虫病大量感染时，可表现腹泻和下痢，粪中带有黏液和血液，体温升高，贫血，黏膜苍白，逐渐消瘦，生长障碍，病羊不孕或流产。羊血吸虫病感染多取慢性过程，病羊出现颌下、腹下水肿，贫血，黄疸，发育不良，影响受孕或流产。羊肠系膜、大网膜甚至胃肠壁浆膜层出现明显的胶样浸润,肠黏膜有出血点、坏死灶及溃疡等，肠系膜淋巴结及脾变性，坏死。肠系膜静脉内有成虫寄生。肝脏初期肿大，后萎缩、硬化，在肝脏和肠道处有数量不等的灰白色虫卵结节，心、肾、脾、胃有时也可发现虫卵结节。

（2）防治

①预防。本病危害严重，是人、畜共患病，宿主范围广泛，且生活史复杂，必须做好下列预防措施：

A.定期驱虫，及时对人、畜进行驱虫和治疗，并淘汰病畜。

B.消灭中间宿主钉螺和螺蛳，阻断血吸虫的发育。

C.在疫区将人、畜粪便堆肥发酵，杀灭虫卵。

D.选择无螺水源，实行专塘用水或专用井水，以杜绝尾蚴的感染。

E.安全放牧，夏、秋季节防止羊涉水，避免感染尾蚴。

②治疗。

A.吡喹酮：每千克体重30～50毫克，一次口服。

B.血防846(六氯对二甲苯)：每千克体重200毫克。

C.硝硫氰胺(7505)：每千克体重4毫克，配成2%～3%水悬液，颈静脉注射。

D.敌百虫：每千克体重50～70毫克，灌服。

3）羊绦虫病　羊绦虫病是由莫尼茨绦虫、曲子宫绦虫和无卵黄腺绦虫寄生在小肠中引起的。其中莫尼茨绦虫危害最严重，常见于羔羊，不但影响羊的生长发育，而且可造成羊的死亡。

（1）症状　病羊的症状表现与虫体的感染强度及体质、年龄有关。一般可表现为食欲减退、贫血、水肿、消瘦，便秘与腹泻交替发生，粪便中混有乳白色的孕卵节片。有时也出现转圈、头向后仰、肌肉痉挛等神经症状，口角周围有许多白沫。被寄生绦虫引起肠阻塞时，多发生腹痛和臌胀，并导致死亡。小肠可发现大量虫体，卡他性肠炎，充血，肠堵塞。有时可见肠壁扩张，肠套叠。心包膜、心内膜有出血点。

（2）防治

①预防。

A.在虫体成熟前即羊放牧后30天内进行第一次驱虫，再经10～15天后进行第二次驱虫。

B.尽可能避免雨后、清晨和黄昏放牧，以减少羊只吃中间宿主地螨的机会。

C.有条件的地区可轮牧。

②治疗。

A.丙硫咪唑：5～6毫克，配成1%水悬液，口服。

B.硫双二氯酚：每千克体重375毫克，口服。

C.氯硝柳胺：每千克体重100毫克，配成10%悬液，口服。

4）羊棘球蚴病 羊棘球蚴病是由犬细粒棘球绦虫的幼虫——棘球蚴寄生于羊的肝、肺等脏器引起的。

（1）症状 轻度感染和感染初期通常无明显症状，感染严重的羊发育不良、消瘦、消化障碍，肺部感染时，咳嗽明显。在肺、肝内发现虫体，表面凹凸不平，可见数量不等的棘球蚴囊泡突起，肝肺实质中也有大小不一的棘球蚴包囊，有的棘球蚴已钙化或化脓。

（2）防治 本病尚无有效的疗法，主要是做好预防工作。

5）羊脑多头蚴病 羊脑多头蚴病是由多头绦虫的幼虫——多头蚴寄生在羊脑或脊髓的一种寄生虫病。

（1）症状 症状分急性型和慢性型。

①急性型：以羔羊表现最为明显，病羊体温升高，脉搏、呼吸加快，兴奋，做前冲或后退、回旋运动，痉挛性抽搐。部分病羊在5～7天因急性脑膜炎死亡，或转为慢性。

②慢性型：患羊耐过急性期后，症状表现逐渐消失，经2～6个月的缓和期，由于多头蚴在羊脑、脊髓不断发育长大，再次出现症状。病羊转圈，视力障碍，强直性痉挛，站立不稳，共济失调。多头蚴在大脑中寄生的部位不同，表现的神经症状也不同。

表现出脑膜炎和脑炎病变，在脑、脊髓处可发现1个或数个大小不等的囊状多头蚴。在病变或虫体相接的颅骨处，骨质松软、变薄，甚至穿孔，致使皮肤向表面隆起。

（2）防治 本病目前尚无有效的治疗方法，开脑术摘除虫体虽可行，但价值不大。预防措施是：

①带有虫体的羊头严禁喂狗。

②防止狗粪便污染饲料、牧草。

③对牧犬定期驱虫，药物可用硫双二氯酚，每千克体重 0.1 克，拌料投服；或用氢溴酸槟榔素每千克体重 1.5 ~ 2.0 毫克，口服。药物治疗可用吡喹酮，每千克体重 50 毫克，每天 1 次，连用 5 天，口服但只有 80% 的疗效。

6）羊消化道线虫病　羊消化道线虫病是由各种消化道线虫寄生于羊的消化道而引起。消化道线虫的种类很多，据报道约有 10 种。各种消化道线虫引起的疾病大体相同，其中以捻转血矛线虫危害最严重。

（1）症状　多引起羊消化道紊乱和胃肠炎，表现出食欲减退、发育不良、腹泻、消瘦、贫血，严重者下颌水肿。羊尸体消瘦、贫血，消化道各部有数量不等的线虫寄生，卡他性肠炎，大肠中可见到黄色小点状的结节和化脓结节。真胃黏膜水肿，有时可见虫咬的痕迹和针尖大到粟粒大的小结节，肝、脾有不同程度的萎缩。

（2）防治

①预防。改善饲养管理条件，增强羊的体质和抵抗力，特别是羔羊；在秋季转入舍饲后和春季放牧前，应各进行 1 次计划性驱虫；平时注意羊舍清洁卫生，粪便堆积发酵处理；饮水应干净；根据本病流行特点，不在低湿地方放牧，不吃"露水草"，减少虫体感染的机会。

②治疗。

A. 左旋咪唑：每千克体重 5 ~ 10 毫克，混料喂服或皮下、肌内注射。

B. 丙硫苯咪唑：每千克体重 10 毫克用量，口服；硫化二苯胺（酚噻嗪）：每千克体重 600 毫克，口服。

C. 甲苯唑：每千克体重 10 ~ 15 毫克，口服。

7）羊肺线虫病　羊肺线虫病是由网尾科和原圆科的线虫寄生在羊的气管、支气管、细支气管及肺实质内引起的。本病在我国分布广泛，是羊的常见蠕虫病之一。

（1）症状　羊群遭受感染时，首先个别干咳，继而成群咳嗽，运动时和夜间更为明显，此时呼吸声明显粗重，如拉风箱。咳嗽时常咳出含有成虫、幼虫及虫卵的黏液团块，并伴发啰音和呼吸急促。鼻孔中排出黏稠分泌物，干涸后形成鼻痂。后期逐渐消瘦，食欲减退，呼吸困难，喜躺卧。最后病羊衰竭而死，死亡率 10% ~ 70%。肺表面隆起，呈灰白色，触摸有坚硬感，支气管中有黏性或脓性混有血丝的分泌团块，气管、支气管及细支气管内可发现不同数量的大、小肺线虫。

（2）防治

①预防。在本病流行地区，每年春、秋两季（春季在 2 月，秋季在 11 月为宜）

进行 2 次以上的计划性驱虫；驱虫治疗期，应收集粪便堆积发酵处理；有条件的地区可以轮流放牧，避免在低湿沼泽地区放牧；冬季羊应予适当补饲。

②治疗。

A. 左旋咪唑：每千克体重 8 毫克，1 次口服；肌内注射或皮下注射，每千克体重 5 ～ 6 毫克。

B. 丙硫苯咪唑：每千克体重 5 ～ 10 毫克，灌服。

C. 苯硫咪唑：每千克体重 5 毫克，1 次口服。

8）羊螨病　有疥螨和痒螨 2 种。

（1）症状　疥螨多发于山羊，常发部位是羊体上短毛的部分，如唇、口角、鼻孔四周、眼圈、耳郭、大腿内侧和会阴部；而痒螨多发生于绵羊，常发部位为被毛长且稠密的部分，如背部、臀部、尾根等处，病羊的皮肤剧痒，不断在墙、栏柱等处摩擦。患部皮肤出现丘疹、结节、水疱甚至脓疱，慢慢形成痂皮和龟裂。病羊消瘦，被毛脱落，烦躁不安，最终可致死亡。

（2）防治

①预防。每年定期对羊药浴，可取得预防与治疗的双重效果。加强检疫工作，对新引进的羊只，应隔离 15 ～ 30 天，确定无病时才可混养。经常保持羊圈整洁卫生，并防止病原散布。

②治疗。

A. 伊维菌素：每千克体重 0.3 毫克，一次皮下注射对疥螨的杀灭作用几乎达 100%。

B. 杀虫脒（氯苯基脒）：配成 0.1% ～ 0.2% 水溶液，局部涂擦、喷洒或药浴，效果显著。

C. 蝇毒磷：配成 0.05% 水溶液，喷洒羊的体表。

9）羊虱病　属外寄生虫病，在我国比较常见。

（1）症状　发病羊有痒感，表现不安，用嘴啃、蹄弹、角划解痒；在木桩、墙壁等处擦痒。严重感染时，可引起病羊脱毛、消瘦、发育不良。使其产毛、产绒、产肉、产奶等生产性能降低。羔羊感染时毛色不亮泽，毛不顺，生长发育不良。

（2）防治　用 0.05% ～ 0.08% 蝇毒磷水溶液喷洒羊的体表，或 0.1% ～ 2% 杀虫脒溶液，局部涂擦、喷洒或进行药浴。

3. 普通病的治疗

1）感冒

（1）症状　病羊精神不振,头低耳聋,初期皮温不均,耳尖、鼻端和四肢末端发凉,继而体温升高, 呼吸、脉搏加快。鼻黏膜充血、肿胀,鼻塞不通,初流清涕,患羊鼻黏膜发痒,不断喷鼻,并在墙壁、饲槽擦鼻止痒。食欲减退或废绝,反刍减少或停止, 鼻镜干燥, 肠音不整或减弱,粪便干燥。

（2）治疗　以解热镇痛、祛风散寒为主。

①肌内注射复方氨基比林 5～10 毫升,或 30% 安乃近 5～10 毫升,或复方奎宁、穿心莲、柴胡、鱼腥草等注射液。

②为防止继发感染,可与抗生素药物同时应用。复方氨基比林 10 毫升、青霉素 160 万单位。硫酸链霉素 50 万单位,加蒸馏水 10 毫升,肌内注射,日注 2 次。当病情严重时,也可静脉注射青霉素 160 万单位,同时配以皮质激素类药物,如地塞米松等治疗。

③感冒通 2 片,每天 3 次内服。

2）口炎

（1）症状　原发性口炎表现为采食减少或停止,口腔黏膜肿胀、疼痛、流涎,严重时糜烂、出血和溃疡,口臭。继发性口炎常伴有体温升高等全身反应,同时口黏膜出现水疱疹。

（2）治疗　轻度口炎可用 3% 硼酸或 0.1% 高锰酸钾冲洗;如发生糜烂出血、溃疡时,可用碘甘油或龙胆紫溶液涂在患部;也可取青黛 6 克,冰片 3 克,研末撒布于患处。

3）胀肚

（1）症状　病羊双目无神,食欲废绝,反刍停止,腹部渐次膨大,有鼓音,触诊胃部为食物充满有气体,肠内存在大量气体,因腹痛而发生哀叫。病羊呼吸困难,趴伏卧不动,常随着呼吸与循环机能的障碍而心动频速。

（2）防治

①发现羊食用大量玉米、豆渣等饲料以后,首先要给羊停止饮食,防止玉米、豆渣等遇水膨胀。

②内服植物油。植物油不仅能疏通肠管,而且对泡沫性臌气有破坏作用。

③及时应用止酵剂。如用大蒜 6 克捣烂,加醋 15～30 毫升,一次内服;醋

30～60毫升，内服；水杨酸苯酯0.3克，内服；姜酊2毫升，大黄酊1毫升，加温水适量内服。

④肌内注射促其反刍的药物，如胃舒乐等，或十滴水加入3～5滴，内服。

⑤为了缓解心肺机能障碍，可肌内注射10%安钠咖注射液0.5毫升。

4）食管梗阻

（1）症状　发病突然，病羊头颈伸直流涎，伴有吞咽和做呕动作，骚动不安。当阻塞于颈部食管时，可见局部突起，用手触摸可感觉到异物水及唾液不能下咽而从鼻孔、口腔流出。

（2）防治

①按摩法。用于颈上部阻塞。用手沿食管由下向上按摩，迫使异物移到咽部。固定好病羊，然后装上开口器，用手掏取或用铁圈套取。

②砸碎法。当阻塞物易碎，表面圆滑，且阻塞于颈部食管时，可以在阻塞物两侧垫上布鞋底，并将其一端固定，用锤轻砸，使其破碎，咽入胃内。

③跳跃法。先将2%普鲁卡因5毫升、液状石蜡30毫升（或花生油）灌入，然后牵住病羊，用鞭子猛抽，使其猛跳，有时可使异物咽下。

④胃管推送法。从鼻腔将胃管插入食管，然后将2%普鲁卡因5毫升、液状石蜡30毫升（或花生油）灌入润滑，稍候，用胃管慢慢将异物推送入瘤胃。

5）前胃弛缓　前胃弛缓是一种因前胃兴奋性和收缩力降低，导致消化机能紊乱的疾病。

（1）症状　初患羊食欲减少，反刍缓慢，精神不振，但体温脉搏正常。瘤胃蠕动无力。由于胃内容物腐败发酵产气，左肷部轻度膨胀，出现慢性间歇性臌胀，不断嗳出恶臭气体，先便秘，后腹泻，或便秘与下痢交替发生。便秘时粪干硬，呈黑色；腹泻时少而软，恶臭。病程拖长病羊极度消瘦，沉郁，行走摇摆，伏卧不起。

（2）防治

①加强饲养管理，消除病因，并及时治疗原发病。

②绝食1～2天，每天按摩瘤胃数次，每次约10分。然后饲喂易消化的饲料，少量多次。

③一般先投泻剂，清理肠胃，可用硫酸钠（芒硝）40～80克，或酒石酸锑钾0.2～0.5克，或番木鳖酊1～3毫升。另外亦苓、木香各10克，麦芽、山楂、建曲、生姜各15克，研末冲服。

6）瘤胃积食　瘤胃积食是瘤胃充满大量饲料，超过了正常容积，致使胃体积增大，胃壁扩张，食物滞留在瘤胃内引起严重消化不良的疾病。

（1）症状　病羊无食欲，反刍减少或停止，鼻镜干燥。病初不断嗳气，随后停止。腹痛不安，摇尾弓背，咩叫，回头望腹。左侧腹下膨大，肷窝略平或稍凸出，触摸时感觉硬实胀满。瘤胃蠕动减弱或停止，体温不高，呼吸急促，心跳加快，黏膜发紫。病羊迅速衰弱，行走不稳，四肢颤抖，昏迷倒地。

（2）防治

①停止喂料，供给充足饮水，并进行瘤胃按摩，每隔60分按摩1次，每次5～10分。

②排除积滞食物：用硫酸钠50～100克加水500～1 000毫升，1次内服，或用液状石蜡10～200毫升、人工盐50克加水500毫升1次灌服。

③解除酸中毒：可用5%碳酸氢钠溶液100毫升、5%葡萄糖200毫升静脉注射。

④增强瘤胃蠕动：可用酒石酸锑钾0.5～1克、乙醇10毫升，加水100毫升1次内服。

7）瘤胃臌气　瘤胃臌气是瘤胃中积有大量气体，使瘤胃膨大、胃壁扩张的一种疾病。

（1）症状　本病发生较为急速，病羊腹痛不安，回头望腹，摇尾，惊恐乱跑，步态不稳，咩叫。左肷窝臌胀突起，高于髋关节或背中线，触其紧张，有弹性，压不留痕，叩声如鼓。无食欲和反刍，体温正常，呼吸困难，严重时张口呼吸，表现痛苦，黏膜发紫，如不及时治疗常因窒息而死。

（2）防治

①使病羊前肢站在高处，形成头高尾低姿势，用一小木棒涂上食盐，置于羊口中，并用拳头或掌按摩肷窝部，促进气体排出。

②用上法排气不理想时，可从口腔插入橡皮管，经食管进入瘤胃放气后灌入止酵药物。

③排气前、后可选用下列一种止酵剂灌服：

A.氧化镁（小羊5克，大羊10克）加适量温水灌服。

B.鱼石脂2～4克，乙醇20～30毫升，加水100～200毫升灌服。

C.大蒜50克捣碎，花生油100毫升，醋100毫升灌服。

8）胃肠炎　胃肠炎是胃肠道表层及其深层组织的炎症，病因及特征与胃肠卡他相似，但症状较重。

（1）症状　持续性腹泻，有恶腥臭味，带有血液、假膜和脓液。精神沉郁，食欲减退，舌苔重，口干臭。排粪失禁，有痛苦努责，无粪排出，呈现里急后重，现象。由于失水，眼球下陷，喜卧地，有时腹痛不安。体温升高，达 40～41℃，脉搏加快。

（2）防治

①消除病因，改善饲养管理。

②清理胃肠道，保护胃肠黏膜：可用磺胺脒 4～8 克，或碳酸氢钠 3～5 克，加淀粉浆适量灌服。

③抗菌消炎：氯霉素 2～3 克内服，每天 2 次，或用青霉素 80 万单位、链霉素 100 万单位 1 次肌内注射，每天 2 次，连续 2～3 天，或用呋喃唑酮 0.1～0.3 克，加温水 1 次内服，每天 2 次，连用 2～3 天。

④收敛止泻：鞣酸蛋白 23 克，次硝酸铋 2～5 克，加水灌服，或用药用炭 8 克内服。

⑤中药验方：郁金 10 克，黄连 3 克，白头翁 10 克，白芍 10 克，栀子 9 克，炙诃子 7 克，水煎服。

9）羔羊消化不良

（1）症状　病羔精神差，肚胀腹痛，喜卧地，食欲不振，不喜食奶。腹泻，开始较稠，后变稀，粪呈绿色，带有气泡。

（2）防治

①预防。加强对孕羊及羔羊的饲养管理。

②治疗。乳酶生或蛋白酶，每头 2～4 克，每天 3 次；或干酵母、碳酸氢钠、维生素 B 各 2～4 克，用温水适量调服。中药验方：苍术、鸡内金、陈皮、砂仁、肉桂、建曲、藕节、山药各 10 克，共研为末，每次 5 克，温水调服，每天 2 次。

10）中暑

（1）症状　病羊早期表现为精神不振，倦怠，黏膜潮红。继之出现神经机能紊乱，兴奋不安，四肢发抖，步态不稳，体温升高，呼吸困难，如不及时治疗，昏倒颤抖而死。

（2）防治

①在炎热夏季，避免在烈日下长时间放牧，羊舍要宽敞且通风良好，供给适量食盐和充足的饮水。

②发生中暑后，将病羊迅速转移到阴凉通风处，用冷水淋其头部或将病羊赶到

水中降温。

③静脉注射 10% 樟脑磺酸钠 210 毫升，或 10% 安钠咖 2 ~ 10 毫升，或葡萄糖生理盐水 500 ~ 1 000 毫升，喂给清洁盐水（每千克水加盐 100 ~ 160 克）。

11）异食癖　异食癖是因营养缺乏和新陈代谢障碍引起，特征表现为喜食正常饲料以外的物体或异物。

（1）症状　因营养缺乏和新陈代谢障碍引起，特征表现为食欲反常、喜舔食各种异物。

（2）防治　加强饲养管理，给予营养丰富、全面的矿物质和维生素饲料。如为防止佝偻病或软骨症的引起，则应及时补给钙、磷和维生素 A、维生素 D。内服氯化钴或硫酸钴，每次 3 ~ 5 毫克。维生素 B_{12}，每次每只 0.1 ~ 0.3 毫克肌内注射，每周 1 次。

12）佝偻病

（1）症状　羔羊常表现出异食癖，消化紊乱，生长缓慢，长骨变形，软弱无力。病后期关节肿大，四肢变形，食欲减退，反刍少，被毛粗乱。

（2）防治

①对怀孕及哺乳母羊要供给足够的青绿饲料和精饲料，并添加钙、磷等矿物质（如骨粉、磷酸氢钙、蛋壳粉），给予适当运动和日光照射。

②内服鱼肝油，每天肌内注射，每次 1 ~ 3 毫升，每天 1 次，连续数天。

13）食盐中毒　食盐是家畜不可缺少的矿物质，有维持机体体液平衡的作用。适量的食盐还能增加饲料的适口性，促进食欲，帮助消化。但如果喂量过大，或饮水供给不足时，就会发生中毒。

（1）症状　急性食盐中毒的羊只在采食后数小时至数天内发生中毒，表现饮欲增加，口腔内流出大量泡沫，兴奋不安，磨牙，肌肉震颤，腹痛，腹泻，且粪便中常混有血液及黏液，食欲废绝，黏膜充血，瞳孔散大，两眼失明，反刍减少或消失。后期四肢麻痹，行走困难，卧地不起，四肢不断划动，最后在昏迷中死亡。也有的病羊表现慢性经过。可见精神沉郁，食欲减退，口渴烦躁，机体失水，身体变硬，消瘦，呈现贫血症状。多在 24 小时内死亡。

（2）防治　立即停止饲喂含盐的饮水及饲料。对于轻度中毒者，可立即给予适量的清水，或灌服含 5% 糖水的温水，或甘草、绿豆汤等，可缓解病情。内服油类泻剂，静脉注射 10% 氯化钙，或 10% 维生素 B_1 肌内注射，或维生素 C 肌内注射。

还可灌服白糖250～500克，加水适量，或醋1 500毫升，麻油500毫升。镇静、解除机体痉挛可用肌内注射盐酸氯丙或安定注射液。

14）亚硝酸盐中毒　亚硝酸盐是一种氧化剂，各种蔬菜由于储存和调制不当，产生的亚硝酸盐被羊吃入后，导致组织缺氧而发生的急性时，采食含硝酸盐的饲料，会发生亚硝酸盐中毒。

（1）症状　潜伏期随采食量的多少而长短不同，多发生在采食后的半天或更长一些时间。因发病突然，最急性型在采食几分后发病，表现不安，突然倒地死亡。急性的表现精神沉郁，体温正常或稍有下降，呼吸困难，流涎呕吐，腹泻，间有腹痛症状。可视黏膜发绀，皮肤呈苍白色，也有的发青。全身出汗，肌肉震颤，反复起卧，行走不稳，四肢麻痹，最后卧地不起呈昏迷状态，在窒息中死亡。整个病程为12～24小时。剖检可见皮肤苍白发青，组织缺水，血液凝固不良，呈巧克力色或酱油色。心肌实质变性，心外膜出血，瘤胃处于高度弛缓，并发肺气肿，可视黏膜发绀。

（2）防治　亚硝酸盐的特效解毒剂是美蓝，可用美蓝液0.8毫克/千克体重肌内注射或静脉注射，具有药到病除的作用。25%～50%高渗葡萄糖注射液1～2毫克/千克体重进行静脉注射。对羊只也可用静脉放血的方式进行解毒，对病羊也可根据病情对症治疗，可选用双氧水，并配合催吐、洗胃、输液等治疗，针刺病羊天门、七星、血印、尾尖穴，对缓解病情有一定作用。预防本病发生应注意饲喂青绿饲料时要生喂，在青绿饲料贮存和堆放的过程中要防止发霉变质。对化肥的保管应严格，避免家畜误食。煮熟饲喂青绿饲料，并搅拌均匀。

15）瘤胃酸中毒

（1）症状　酸中毒发病急、病程短、死亡率高，多数病例心跳每分在100次以上，黏膜发绀，耳鼻冰凉，血液黏稠发黑，病羊呈现休克、昏迷、心衰、肺水肿等症状。

（2）防治

①为缓解酸中毒，应迅速大量放血。

②可静脉注射5%碳酸氢钠100～300毫升，每日1～2次，并内服碳酸钠20～30克；或静脉注射硫代硫酸钠1～5克。

③为促进乳酸代谢，可肌内注射维生素$B_1$0.1～0.2克，并口服酵母。

④为促进血液循环和排出毒素，可用糖盐水（或生理盐水等），低分子和中分子右旋糖酐各100～200毫升，混合静脉注射。

⑤为解除甩头、休克症状，降低颅内压，可用生理盐水 50 ~ 100 毫升，40% 乌洛托品 10 ~ 20 毫升，混合静脉注射。

16）霉败饲料中毒

（1）症状　霉菌种类很多，其毒素可达百种。根据其对机体危害部位，可分为肝脏毒、肾脏毒、神经毒、光过敏性皮肤毒等。

①黄曲霉毒素（霉玉米）中毒：出现厌食、消瘦、贫血、委顿、流产。

②霉干草、霉杂草中毒：出现神经症状（狂躁不安）、体温升高、脉搏微弱、呼吸促迫。死后剖检：大肠黏膜出现灰黄色小丘疹或坏死。

③霉稻草中毒：步态僵硬、跛行，肿部皮肤化脓、坏死。

（2）防治

①轻微霉败饲料，应在日光下晒干，扬净（捶打）。精饲料要蒸煮弃去水，或用 2% 石灰水，或 0.1% 漂白粉浸泡后，掺在好料中饲喂，使用量不要超过 10%。对泌乳羊、妊娠羊及幼羔禁喂。

②霉稻草要用 2% 生石灰水浸泡 14 小时，清水洗后饲喂。

③立即停喂霉败饲料，胃管投服健胃缓泻剂人工盐 30 ~ 50 克，每天 1 次。加碳酸钠 20 ~ 30 克、滑石粉 50 ~ 70 克尤佳。出现胃肠炎症状后，可按照胃肠炎治疗加碳酸钠 20 ~ 30 克、滑石粉 50 ~ 70 克尤佳。出现胃肠炎症状后，可按照胃肠炎治疗。

17）羔羊脐炎

（1）症状　病羔表现弓背，被毛粗乱，吮乳无力，瘦弱。脐带局部肿胀、发炎、热痛，严重者可见化脓、溃烂，病羔卧地不起，痛苦呻吟，无食欲，不久衰竭死亡。

（2）防治

①预防。助产时要严格消毒，并保持产房干燥、清洁、温暖。

②治疗。

A.一般发炎，可在局部消毒后，皮下注射青霉素每千克体重1.5万单位，每天2次，连用 2 ~ 3 天。

B. 对化脓溃烂者，切开排脓，用 0.1% 高锰酸钾水或 3% 过氧化氢冲洗，涂擦龙胆紫，撒布四环素粉末。有全身症状者还应对症治疗。

18）流产　流产是指母羊妊娠中断，或胎儿不足月就排出子宫而死亡。流产分小产、流产、早产。

（1）症状　母羊不安，腹痛，努责，阴户红肿，阴道排出较多黏液、羊水，排出不足月的胎儿，且多为死胎，活胎的生活能力也很弱。母羊乳房稍胀，但少乳或无乳。突然发生流产者，一般无特征症状。

（2）防治　以加强饲养管理为主，重视传染病的防治，减少捕捉、驱赶母羊的应激因素。饲料成分要全面，以保证维生素和矿物质的需要量。妊娠期间不能服用大量泻剂、驱虫剂和利尿剂。

对有流产先兆的母羊，可用黄体酮注射液 10 ~ 20 毫克肌内注射保胎，每天 1 次，连用 3 天。中药治疗宜用四物胶艾汤加减：当归 6 克，熟地黄 6 克，川芎 4 克，黄芩 3 克，阿胶 12 克，艾叶 9 克，菟丝子 6 克，共研细末，用开水调，每天 1 次，灌服 2 剂。

19）阴道炎

（1）症状　检查可见阴道黏膜呈鲜红色，肿胀而疼痛，阴道渗出物增多，从阴道流出黏液性或脓性分泌物，尾根和阴门周围常黏附有分泌物的干块。当阴道炎症严重时，母羊体温升高，弓背、努责，做排尿动作，但每次排出的尿很少，阴道中排出污红色有臭味的稀薄液体，阴道检查，可见阴道黏膜溃疡。阴道炎也能引起母羊不孕。

（2）防治　用 2% 碳酸氢钠溶液冲洗后，选用 0.1% 高锰酸钾、0.5% 新洁尔灭、0.1% 雷佛奴尔等溶液充分洗涤阴道，然后于阴道中放入土霉素软膏、磺胺软膏或青霉素、链霉素药粉（各 80 万单位）。对顽固性阴道炎，可用大蒜疗法，即取大蒜 10 ~ 20 克，去皮捣碎，用纱布包成条状塞入阴道，每次塞入 2 小时，每天 1 次，连用 6 ~ 10 天。

20）子宫内膜炎　子宫内膜炎是母羊子宫黏膜的炎症，是常见的一种母羊生殖器官疾病，也是导致母羊不孕的重要原因之一。

（1）症状　按症状可分为急性和慢性子宫内膜炎。

①急性子宫内膜炎：病羊弓背、努责，做排尿状，阴门中排出黏性或脓性分泌物，有的带红色，有臭味。体温稍升高，精神不振，食欲减退，泌乳减少，不愿哺乳，反刍减弱和停止。

②慢性子宫内膜炎：多由急性转变而来。病羊体温稍升高，食欲和泌乳降低，阴门排出透明、混浊或混有脓性絮状物的分泌物。发情无规律或停止，屡配不孕。

（2）防治

①预防。加强饲养管理，搞好传染病防治工作。临产和产后应对阴门及其周围消毒，保持产房或羊舍的清洁卫生。交配、人工授精及助产时，保证器械、术者手

及外生殖器的消毒。对流产、难产、胎衣不下等疾患要及时治疗。

②药物治疗。

A. 用青霉素、链霉素各80万单位肌内注射，每天2次，连续3～4天。或用增效磺胺嘧啶钠注射液按每千克体重0.2毫升肌内注射，每天2次，连用3天。

B. 对子宫进行冲洗：0.1%高锰酸钾溶液或0.1%～0.2%雷佛奴尔溶液冲洗子宫，每天或隔天1次，到排出的液体透明为止。冲洗干净后往子宫内灌注青霉素、链霉素各50万～80万单位。

C. 应用子宫收缩剂：如麦角新碱0.2～0.5毫克肌内注射，或垂体后叶素20～40国际单位皮下注射，增强子宫收缩力，促进子宫内渗出物的排出。

21）胎衣不下 胎衣不下是指孕羊分娩后4～6小时，胎衣仍排不出来。

（1）症状 母羊弓背努责，精神不振，体温升高，常卧地，阴门流出红褐色液体，并混有胎衣碎片。胎衣久不下，会发生腐败，从阴户中流出污红色腐败恶臭的恶露，其中杂有灰白色腐败的胎衣碎片。此时病羊出现明显的全身症状，食欲减退或无食欲，呼吸、脉搏加快，精神极差。

（2）防治

①药物疗法。病羊分娩后24小时胎衣仍未排出的，可选用下列方法治疗：

A. 促进子宫收缩，排出胎衣。早期可给病羊肌内或皮下注射垂体后叶素5～10国际单位，2小时后重复1次。也可用麦角新碱注射液5～10毫克，1次肌内注射。

B. 促进胎儿胎盘与母体胎盘分离。向子宫内灌注5%～10%盐水300毫升，20分后排出盐水。

C. 预防胎衣腐败及子宫感染，等待胎衣自行排出。肌内注射青霉素、链霉素各80万单位，每天2次，连续3～4天。根据病情，可用其他抗生素或采用其他疗法。

D. 促进子宫内腐败物排出。如果子宫颈已缩小，肌内注射己烯雌酚注射液5～10毫克，每天1次，共2～3次，使子宫颈口开放，排出腐败物。

②手术剥离法。使用药物已达48～72小时而不见效者，应立即施行手术剥离法。先固定好病羊，按常规准备及消毒后，进行手术。术者一手握住阴门外的胎衣，稍向外牵拉；另一手沿胎衣表面伸入子宫，可用食指和中指夹住胎盘周围绒毛成一束，以拇指剥离开母子胎盘相互结合的周围边缘，剥离半周后，手向手背侧翻转以扭转绒毛膜，使其从小窝中拔出，与母体胎盘分离。最后宫内灌注抗生素或消毒药

液，如 0.1% 高锰酸钾溶液、0.1% 新洁尔灭溶液，冲洗。待排出后，往子宫中注入 100 毫升加 2 克土霉素的生理盐水。

③中药治疗：当归 9 克，白术 6 克，益母草 9 克，桃仁 3 克，红花 6 克，川芎 3 克，陈皮 3 克，研细末，开水调后灌服。

22）难产　难产是指在分娩过程中胎儿不能顺利地娩出。

（1）症状　妊娠母羊的产期已到，阴户肿胀，乳房饱满，长时间努责，有胎水从阴门排出，但仍未见有胎儿产出。母羊急躁不安，呼吸、心跳加快，呈胸腹式呼吸。阴道检查可触摸到胎儿的头部或脚部，也可能发现阴道狭窄。

（2）防治

①助产。

A. 子宫阵缩及努责微弱造成的难产：用手检查子宫颈口已完全张开，胎位、胎向、胎势无异常，可皮下注射垂体后叶素 20～40 国际单位，或肌内注射缩宫素 10～20 国际单位。必要时，可重复使用。

B. 产道狭窄，母羊子宫阵缩和努责都正常有力的难产：用手检查触摸到胎儿堵塞在狭窄处。可用手指夹住胎儿头部拉出。若子宫颈口经久不开者，可肌内注射己烯雌酚注射液 5 毫克，然后注射催产药物（垂体后叶素或缩宫素）。如上述处理仍不见效，应及时采用剖腹产术。

C. 由于胎位不正的难产：其难产位有头颈侧弯、头颈下弯、前肢腕关节屈曲、肩关节屈曲、跗关节屈曲、胎儿下位、胎儿横向等，可按不同的异常产位将其矫正，然后将胎儿拉出。

②剖腹产。助产不成功时，可送附近兽医站行剖腹产术。

23）生产瘫痪　生产瘫痪又称乳热症，是发生于产后以昏迷和瘫痪为特征的急性低血钙症。

（1）症状　症状羊多发于产后 1～3 天。病初表现兴奋不安，紧张乱动，头和四肢震颤. 不久精神即转为极度沉郁，四肢发僵，步幅不均及共济失调，站立困难，终止卧倒，鼻镜干燥，体温降低至正常以下，眼迟钝，知觉丧失，四肢瘫痪，脉搏微弱，呼吸深而缓慢。若不及时治疗，常可致死。

（2）防治　用 10% 的含 4% 硼酸的葡萄糖酸钙 50～150 毫升，缓慢静脉滴注（以 4% 硼酸作溶剂，不仅增加钙的溶解，而且性质稳定）。也可用 10% 葡萄糖酸钙 50～150 毫升静脉注射。注射完后如仍未好转，5 小时后重复注射 1 次。

24）乳腺炎　乳腺炎是由于病原微生物侵入乳房所引起。

（1）症状　症状多为一侧乳房发炎。乳房局部肿胀、硬结、热痛，乳量减少，乳汁变性，其中混有血液、脓汁等，乳中有絮状物，褐色或淡红色。病羊体温升高，可达 40～42℃。挤奶或羔羊吃奶时，母羊抗拒、躲闪，有痛感。若发展为脓性乳腺炎，则乳汁变为黏液状，含有黄色或淡黄色的絮状物，形成脓肿后自行溃烂，流出腥臭脓汁。

（2）防治

①全身治疗。用青霉素、链霉素各 50 万～80 万单位肌内注射，每天 2 次，连用 3 天。也可根据病情，采用其他抗生素。

②局部治疗。病初用 0.25% 普鲁卡因溶液 50～100 毫升加青霉素 40 万单位在患部乳房基部分点注射封闭。也可用乳房导管把上述溶液注入乳孔内，轻揉乳房腺体部，使药物分布于乳腺中。

③热敷与冷敷。在乳腺炎的早期，应该用冷敷，后期转为以渗出浸润为主时，则应用 40～45℃ 热水热敷，加速乳房内渗出物的消散。

④乳房上生有脓肿时，应切开排脓。再用 3% 双氧水冲洗，涂上土霉素软膏等。

⑤中药治疗。急性乳腺炎，可用当归 15 克，生地黄 6 克，蒲公英 30 克，金银花 12 克，连翘 6 克，赤芍 6 克，川芎 6 克，瓜蒌 6 克，龙胆草 12 克，山枝 6 克，甘草 10 克，共研细末，开水调服，每天 1 剂，连用 5 天。

25）酮病　酮病又称酮尿病、醋酮血病、酮血病、绵羊妊娠病，是由于蛋白质、脂肪和糖代谢发生紊乱，在血液、乳、尿及组织内酮的化合物蓄积而引起的疾病。多见于营养好的羊、高产母羊及妊娠羊，死亡率高。

（1）症状　病羊初期出现运动失调，掉群，行走摇摆，共济失调，食欲减退，前胃蠕动音减弱，黏膜苍白，黄染，体温正常或偏低，呼出的气体及尿液中有丙酮气味。病羊后期意识紊乱，视力消失，常出现神经症状，流涎，磨牙，眼球震颤，呆立或做转圈运动，全身痉挛，突然倒地死亡。

（2）防治

①加强妊娠母羊冬季的饲养管理，注意防寒，并供给富含维生素和矿物质营养充足的饲料。使之既不要过肥，也不要过瘦。

②加强母羊分娩前的放牧和运动。

③25% 葡萄糖 50～100 毫升，静脉注射，每日 1～2 次，连用 3～5 天，以

提高血糖含量。也可与胰岛素 5 ~ 8 单位混合注射。

④调节体内氧化还原过程，可每日口服柠檬酸钠或醋酸钠 15 克，连用 5 天有效。

26）羔羊白肌病　羔羊白肌病又称肌营养性不良症。是由于饲料中硒和维生素 E 等缺乏或不足而引起的，以 2 ~ 6 周龄羔羊的骨骼肌、心肌纤维及肝组织等发生变性、坏死为主要特征的疾病。

（1）症状　病羊表现精神委顿，食欲减退，常有腹泻。黏膜苍白，有的发生结膜炎。运动无力，站立困难，卧地不起，出现血尿，心律不齐，脉搏 150 ~ 200 次 / 分。有时病羊发生强直性痉挛，随即呈现麻痹，于昏迷中死亡。有的羔羊病初不见异常，往往在放牧过程中因惊动而剧烈运动，或过度兴奋而突然死亡。本病呈地方性群羊发病，而且依靠药物治疗不能控制病情。

（2）防治

①在缺硒地区，对每年所生新羔羊于出生后 20 天，先肌内注射 0.2% 亚硒酸钠液 1 毫升，间隔 20 天后再注射 1.5 毫升，注射开始日期最晚不得超过 25 日龄。

②加强母羊饲养管理，供给豆科牧草，对妊娠母羊补给 0.2% 亚硒酸钠液，皮下或肌内注射，剂量为 4 ~ 6 毫升，能预防新生羔羊白肌病。

③对发病羔羊每只应立即用 0.2% 亚硒酸钠 15 ~ 20 毫升、维生素 E 100 ~ 500 毫克，皮下或肌内注射，每天 1 次，连用 3 ~ 4 天。

27）绵羊食毛症　绵羊食毛症是由于冬季舍饲的羔羊食入过多被毛或破碎塑料薄膜而影响消化的疾病。

（1）症状　患病初期，羔羊啃食母羊被毛，有异食癖，喜食污粪或舔土和田间破碎塑料薄膜碎片等物。当形成毛球或异物团块其横径大于幽门或嵌入肠道，使真胃和肠道阻塞，羔羊呈现消化不良，便秘、腹痛及胃肠臌气。严重者表现消瘦贫血。成年羊常在一起互相啃食被毛，使整群羊全身或局部被毛脱落。

（2）防治　加强饲养管理，改变放牧地，不要到塑料碎片严重的地方放牧；适当补饲精饲料和饲料添加剂，增加维生素和无机盐微量元素；对病羊应注意清理胃肠，维持心脏机能，防止病情恶化。